全国高职高专院校机电类专业规划教材

工控系统安装与调试

GONGKONG XITONG ANZHUANG YU TIAOSHI

王一凡　黄晓伟　主　编
师　帅　陈东升　周保廷　副主编
张文明　胡年华　主　审

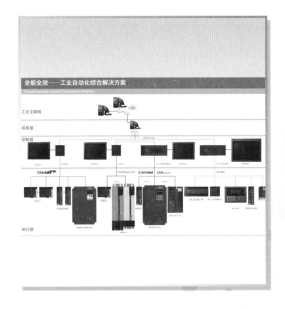

中国铁道出版社
CHINA RAILWAY PUBLISHING HOUSE

内 容 简 介

本书是常州纺织服装职业技术学院与深圳市汇川技术股份有限公司共同开发编写的职业教育项目化教材，是基于工作过程导向、面向"双师型"教师和工控行业技术人员、服务于机电和自动化类专业职业能力培养的项目化教材。

本书以汇川触摸屏、PLC、变频器、伺服驱动器、传感器、通信协议等集成的小型工控项目解决方案为特色。主要内容包括：认识工控系统，可编程控制器和触摸屏典型应用技术，PLC、变频器、伺服、触摸屏典型应用技术，汇川典型综合技术应用等，具有典型性、实用性、先进性、可操作性等特点。

本书适合作为高职高专院校机电一体化技术、电气自动化技术、生产过程自动化、机电安装工程等专业的教材，也可作为相关工程技术人员的培训和自修用书。

图书在版编目（CIP）数据

工控系统安装与调试/王一凡，黄晓伟主编.—北京：
中国铁道出版社，2015.10（2016.6重印）
全国高职高专院校机电类专业规划教材
ISBN 978-7-113-21034-2

Ⅰ.①工…　Ⅱ.①王…　②黄…　Ⅲ.①工业控制系统
-安装-高等职业教育-教材②工业控制系统-调试方法
-高等职业教育-教材　Ⅳ.①TP273

中国版本图书馆CIP数据核字（2015）第242638号

书　　名：工控系统安装与调试
作　　者：王一凡　黄晓伟　主编

策　　划：祁　云
责任编辑：祁　云
编辑助理：绳　超
封面设计：付　巍
封面制作：白　雪
责任校对：冯彩茹
责任印制：李　佳

出版发行：中国铁道出版社（100054，北京市西城区右安门西街8号）
网　　址：http://www.51eds.com
印　　刷：中国铁道出版社印刷厂
版　　次：2015年10月第1版　　2016年6月第2次印刷
开　　本：787mm×1092mm　　1/16　　印张：12.25　　字数：282千
书　　号：ISBN 978-7-113-21034-2
定　　价：42.00元

出版说明

随着我国高等职业教育改革的不断深化发展，我国高等职业教育改革和发展进入一个新阶段。教育部下发的《关于全面提高高等职业教育教学质量的若干意见》教高[2006]16号文件旨在进一步适应经济和社会发展对高素质技能型人才的需求，推进高职人才培养模式改革，提高人才培养质量。

教材建设工作是整个高等职业院校教育教学工作中的重要组成部分，教材是课程内容和课程体系的知识载体，对课程改革和建设既有龙头作用，又有推动作用，所以提高课程教学水平和质量的关键在于建设高水平高质量的教材。

出版面向高等职业教育的"以就业为导向的，以能力为本位"的优质教材一直以来就是中国铁道出版社优先开发的领域。我社本着"依靠专家、研究先行、服务为本、打造精品"的出版理念，于2007年成立了"中国铁道出版社高职机电类课程建设研究组"，并经过2年的充分调查研究，策划编写、出版了本系列教材。

本系列教材主要涵盖高职高专机电类的公共平台课和6个专业及相关课程，即电气自动化专业、机电一体化专业、生产过程自动化专业、数控技术专业、模具设计与制造专业以及数控设备应用与维护专业，既自成体系又具有相对独立性。本系列教材在研发过程中邀请了高职高专自动化教指委专家、国家级教学名师、精品课负责人、知名专家教授、学术带头人及骨干教师。他们针对相关专业的课程设置融合了多年教学中的实践经验，同时吸取了高等职业教育改革的成果，无论从教学理念的导向、教学标准的开发、教学体系的确立、教材内容的筛选、教材结构的设计，还是教材素材的选择都极具特色。

归纳而言，本系列教材体现如下几点编写思想：

（1）围绕培养学生的职业技能这条主线设计教材的结构，理论联系实际，从应用的角度组织内容，突出实用性，同时注意将新技术、新工艺等内容纳入教材。

（2）遵循高等职业院校学生的认知规律和学习特点，对于基本理论和方法的讲述力求通俗易懂，多用图表来表达信息，以解决日益庞大的知识内容与学时偏少之间的矛盾；同时增加相关技术在实际生产和生活中的应用实例，引导学生主动学习。

（3）将"问题引导式""案例式""任务驱动式""项目驱动式"等多种教学方法引入教材体例的设计中，融入启发式教学方法，务求好教好学爱学。

（4）注重立体化教材的建设，通过主教材、配套素材光盘、电子教案等教学资源的有机结合，提高教学服务水平。

总之，本系列教材在策划出版过程中得到了教育部高职高专自动化技术类专业教学指导委员会以及广大专家的指导和帮助，在此表示深深的感谢。希望本系列教材的出版能为我国高等职业院校教育改革起到良好的推动作用，欢迎使用本系列教材的老师和同学提出宝贵的意见和建议。书中如有不妥之处，敬请批评指正。

中国铁道出版社

2015年5月

FOREWORD 前 言

　　本书是常州纺织服装职业技术学院与深圳市汇川技术股份有限公司（以下简称"深圳汇川公司"）合作编写的基于工作过程导向、面向"双师型"教师和工控行业技术人员、服务于机电和自动化类专业职业能力培养的项目化教材。

编写背景

　　本书坚持基于工作过程导向的项目化教学改革方向，坚持将行业及企业中典型、实用、操作性强的工程项目引入课堂，坚持发挥行动导向教学的示范辐射作用。以四大项目带领读者学习与实践由汇川触摸屏、PLC、变频器、伺服驱动器、传感器、通信协议等集成的小型工控系统，指导读者亲手打造自己的实验平台。

　　深圳汇川公司是国内工控行业的技术引领者，不仅能大量生产各类工业自动化控制设备，而且能对企业工控自动化项目的设计和开发给予技术指导和支持，是企业实现生产过程自动化控制的理想选择。

　　随着工控技术的快速发展，常州纺织服装职业技术学院与深圳汇川公司进行了广泛深入合作，参照行业、企业标准和工艺要求，设计了本书的框架，并完成了现场交流、应用测试、文案编撰、资源制作、资料整合等。

教材特点

　　一般工控项目由触摸屏、PLC、传感器、变频器、伺服电动机、电磁阀等组成。本书围绕汇川触摸屏、PLC、变频器、智能仪表、传感器及伺服通信控制技术等核心技术，构成典型的案例，内容涵盖了工控系统中重要的知识与技能，并对其进行了循序渐进的工作导向描述。编写遵循"典型性、实用性、先进性、可操作性"原则，精美的图片、卡通人物及软件仿真等的综合运用，将学习、工作融于轻松愉悦的环境中，力求达到提高读者学习兴趣和效率以及易学、易懂、易上手的目的。

基本内容

　　本书为彩色纸质教材，由四大项目组成。内容包括：认识工控系统，可编程控制器和触摸屏典型应用技术，PLC、变频器、伺服、触摸屏典型应用技术，汇川典型综合技术应用等。项目所用软件均可在汇川公司官方网站上下载到最新版。

　　本书由王一凡、黄晓伟任主编，师帅、陈东升、周保廷任副主编。具体编写分工如下：王一凡编写了项目1中任务3和项目4；黄晓伟编写项目2和项目3中任务1、任务4、任务5；师帅和周保廷共同编写项目1中任务1、任务2、任务4～任务7，项目3中任务2、任务3；

陈东升编写项目 3 中任务 6 ~ 任务 9；周保廷和王一凡共同编写了附录 A。全书由张文明策划、指导，王一凡负责统稿，由张文明和深圳汇川公司人力资源部胡年华主审。

本书在编写过程中，得到了深圳汇川公司和常州纺织服装职业技术学院等单位领导的大力支持，以及深圳汇川公司工程技术人员的帮助，在此表示衷心的感谢！

限于编者的经验、水平及时间限制，书中难免有疏漏和不足之处，敬请广大读者批评指正。

编　者

2015 年 6 月

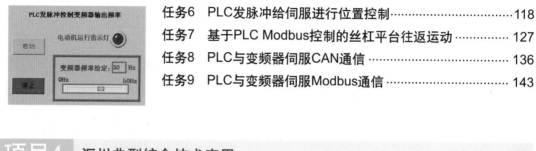

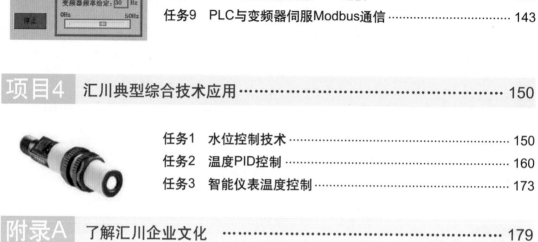

认识工控系统

工控指的是工业自动化控制,主要利用电子电气、机械、软件组合实现,即工业控制（factory control），或者是工厂自动化控制（factory automation control）。目前,工控系统主要由 PLC(可编程控制器)、HMI（人机界面）、变频器、伺服驱动器、传感器等组成。汇川工控产品主要包括 H2U/1U/0U XP 系列 PLC、IT 系列 HMI、MD 系列变频器、IS 系列伺服驱动器及 E 系列旋转编码器等。

任务1　认识汇川工控产品

任务布置

- 工控系统简介。
- 汇川工控产品简介。

工控系统是一种运用控制理论、仪器仪表、计算机和其他信息技术,对工厂生产过程实现检测、控制、优化、调度、管理和决策,达到增加产量、提高质量、降低消耗、确保安全等目的的工业自动化系统。一般的工控系统由PLC、HMI、变频器、伺服驱动器、传感器等组成,能够完成一定的控制功能,满足工业企业所要求的生产、运行、管理等需要。

任务训练

1.工控系统简介

一般的工控系统组成元器件示意图如图 1-1 所示。工控系统主要使用电气控制技术、计算机技术、微电子技术、仪器仪表技术、通信及现场总线技术等手段，使工厂的生产和制造过程更加自动化、效率化、精确化，并具有可控性及可视性。在实际应用当中，需要根据具体项目的控制要求，分别进行功能分析、方案设计、硬件设计、软件设计、安装接线、运行调试等几个步骤来完成整个工控系统的项目实施。

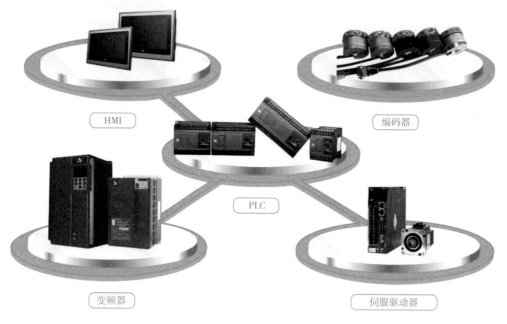

图 1-1　一般的工控系统组成元器件示意图

PLC 是工控系统的重要组成部件，它的主要优点如下：

①编程简单。PLC 用于编程的梯形图与传统的继电接触器式电路图有许多相似之处，对于具有一定电工知识和文化水平的人员，都可以在较短的时间内学会编写的步骤和方法。

②可靠性高。PLC 是专门为工业控制而设计的，在设计与制造过程中均采用了诸如屏蔽、滤波、无机械触点、精选元器件等多层有效的抗干扰措施，因此可靠性很高，其平均故障时间间隔为 20 000 h 以上。此外，PLC 还具有很强的自诊断功能，可以迅速方便地检查判断出故障，协助工程技术人员缩短检修时间。

③通用性好。PLC 品种多，档次也多，可由各种组件灵活组合成不同的控制系统，以满足不同的控制要求。同一台 PLC 只要改变相关程序就可实现控制不同的对象或实现不同的控制要求。在构成不同的 PLC 控制系统时，只需要在 PLC 的输入、输出端子接上不同的与之相应的输入信号和输出设备，PLC 就能接收输入信号和输出符合要求的控制信号。

④功能强。PLC 能进行逻辑、定时、计数和步进等控制，能完成 A/D（模－数）与 D/A（数－模）转换、数据处理和通信联网等任务，具有很强的功能。随着 PLC 技术的迅猛发展，各种新的功能模块不断得到开发，PLC 的功能也日益齐全，应用领域也得到了进一步拓展。

⑤体积小、质量小、易于实现机电一体化。由于PLC采用半导体集成电路,因此具有体积小、质量小、功耗低的特点。

⑥设计、施工和调试周期短。PLC以软件编程来取代硬件接线,由它构成的控制系统结构简单,安装使用方便,而且商品化的PLC模块功能齐全,程序的编制、调试和修改也很方便,因此可大大缩短PLC控制系统的设计、施工和投产周期。

HMI是human machine interface(人机界面)的缩写,又称人机接口。HMI可以连接PLC、变频器、直流调速器、仪表等工业控制设备,利用显示屏显示,通过输入单元(如触摸屏、键盘、鼠标等)写入工作参数或输入操作命令,是实现人与机器信息交互的数字设备,由硬件和软件两部分组成。

变频器是将固定电压、固定频率的交流电变换为可调电压、可调频率的交流电的装置。变频器的问世,使电气传动领域发生了一场技术革命,即交流调速取代直流调速。交流电动机变频调速技术具有节能、改善工艺流程、提高产品质量和便于自动控制等诸多优势,被国内外公认为最有发展前途的调速方式。

伺服驱动器(servo drives)又称伺服控制器、伺服放大器,是用来控制伺服电动机的一种控制器,其作用类似于变频器作用于普通交流电动机,属于伺服系统的一部分,主要应用于高精度的定位系统。一般是通过位置、速度和力矩三种方式对伺服电动机进行控制,实现高精度的传动系统定位,是目前传动技术的高端产品。

传感器(transducer/sensor)是一种检测装置,能感受到被测量的信息,并能将感受到的信息,按一定规律变换成为电信号或其他所需形式的信号输出,以满足信息的传输、处理、存储、显示、记录和控制等要求。

2.汇川工控产品

汇川公司是国内专门从事工业自动化控制产品的研发、生产和销售的高新技术企业。主要产品有低压变频器、高压变频器、一体化及专机、伺服系统、PLC、HMI、永磁同步电动机、电动汽车电动机控制器等。这些产品都是组成工控系统的主要电气元件。汇川工控产品的组网控制示意图如图1-2所示。

由图1-2可知,汇川工控产品按组网控制形式主要分为三层,分别为驱动层、控制层和管理层。驱动层主要由变频器、伺服驱动器、专用变频器及一体化控制器等设备组成;控制层主要由H2U-XP、H1U-XP、H0U-XP等系列PLC组成;管理层主要由客户端计算机及InoTouch系列人机界面组成。控制层设备与驱动层设备主要通过Modbus、CANlink协议进行通信;管理层设备与控制层设备主要通过Modbus、Modbus/TCP协议进行通信;另外,通过把H2U-WL系列3G模块与H1U-XP、H2U-XP系列PLC相连接,可实现PLC程序远程升级,PLC远程监控、远程调试等功能。

汇川技术的综合产品通过CANlink总线可实现所有产品高效、快速的连接,如图1-3所示。

汇川工控产品在设计、调试、应用等方面都具有一定的方便之处,具体表现为以下几方面:

①通过U盘,插入HMI,可更改系统中变频器和伺服驱动器的参数,如图1-4所示。

②通过计算机和一根下载线,可更改系统中PLC、HMI程序,以及修改变频器和伺服驱动器中的参数,如图1-5所示。

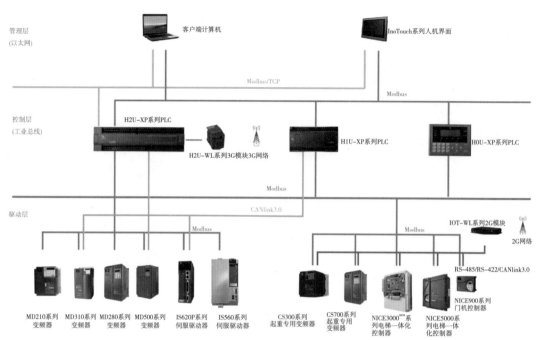

图1-2　汇川工控产品的组网控制示意图

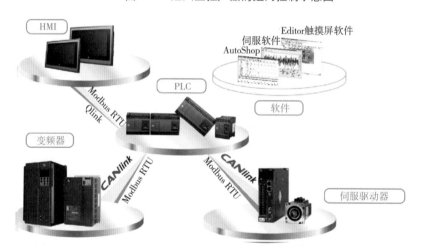

图1-3　汇川工控产品 CANlink 总线的快速连接图

图1-4　通过 U 盘修改伺服驱动器参数　　图1-5　通过计算机和下载线修改程序和伺服驱动器中的参数

③HMI 可直接与伺服驱动器、变频器通信，在某些小型机器上，可省去 PLC 以降低客户的成本，提高客户安装效率，减少客户的后期维护；通过 PLC、变频器、伺服等软件非标功能，可以将特定功能算法形成程序功能块，简化编程，简化参数设置和调试，如图 1-6 所示。

④PLC 支持多串口通信，可与变频器之间实现 Modbus 通信，在基础通信的基础上支持点对点的 CANlink 变频器与变频器通信，实现负荷分配与速度同步，如图 1-7 所示。

⑤总线通信后的 DI/DO/AI/AO 资源共享，减少外部 PLC 的 I/O 配置，降低成本，如图 1-8 所示。

图 1-6　HMI 直接与伺服　　图 1-7　PLC 支持多串口通信　　图 1-8　驱动器的 I/O 资源共享
　　　驱动器、变频器通信

⑥PLC 远程通信模块，方便实现远程监控，如图 1-9 所示。

汇川工控产品支持多数主流总线通信方式，可方便与其他产品组合应用，如图 1-10 所示。

汇川工控产品主要服务于装备制造业、节能环保、新能源三大领域，产品广泛应用于电梯、起重、机床、金属制品、电线电缆、塑胶、印刷包装、纺织化纤、建材、冶金、煤矿、市政、汽车等行业，如图 1-11 所示。

图 1-9　PLC 远程通信模块　　　　　　图 1-10　汇川产品支持的总线通信方式

图 1-11　汇川工控产品应用行业

1.通过网站等了解工控系统的组成及各部分的主要功能。

2.通过网站等了解汇川公司的主要工控产品及应用行业。

▶ 任务2 认识可编程控制器

任务布置

- PLC 的基本构成及工作原理。
- 汇川 PLC 的种类及性能。
- AutoShop 编程软件的使用。

可编程控制器（Programmable Logic Controller，PLC）是一种数字运算操作的电子系统，专为工业环境下应用而设计。它主要将外部的输入信号，如按键、感应器、开关及脉冲等的状态读取后，依据这些输入信号的状态或数值并根据内部存储的预先编写的程序，以微处理器执行逻辑、顺序、计时、计数及算术运算，产生相对应的输出信号，如继电器的开关、控制机械设备的操作。通过计算机或程序读写器可轻易地编辑、修改程序及监控装置状态，进行现场程序的维护与试机调整。

任务训练

1.PLC的基本构成及工作原理

PLC 的核心是一台单板机（即 CPU 板），在单板机的外围配置了相应的接口电路（硬件），在单板机中配置了监控程序（软件）。图 1-12 为 PLC 的基本结构框图。

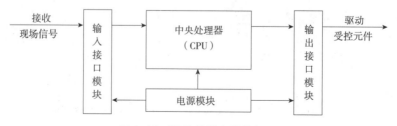

图 1-12　PLC 的基本结构框图

（1）中央处理器（CPU）

CPU 是 PLC 的核心，起神经中枢的作用，每台 PLC 至少有一个 CPU，它按 PLC 的系统程序赋予的功能接收并存储用户程序和数据，用扫描的方式采集由现场输入装置送来的状态或数据，并存入规定的寄存器中，同时，诊断电源和 PLC 内部电路的工作状态和编程过程中的语法错误等。进入运行后，从用户程序存储器中逐条读取指令，经分析后再按指令规定的任务产生相应的控制信号，去指挥有关的控制电路。

（2）I/O 模块

PLC 的对外功能，主要是通过各种 I/O 模块与外界联系的，按 I/O 点数确定模块规格及数量，I/O 模块可多可少，但其最大数受 CPU 所能管理的基本配置能力，即受最大的底板或机架槽数限制。I/O 模块集成了 PLC 的 I/O 电路，其输入暂存器反映输入信号状态，输出点反映输出锁存器状态。

（3）电源模块

有些 PLC 中的电源，是与 CPU 模块合二为一的，有些是分开的，其主要用途是为 PLC 各模块的集成电路提供工作电源。同时，有的还为输入电路提供 24 V 的工作电源。电源按其输入类型有：交流电源 220 V 或 110 V；直流电源 24 V。

（4）底板或机架

大多数模块式 PLC 使用底板或机架，其作用是：电气上，实现各模块间的联系，使 CPU 能访问底板上的所有模块；机械上，实现各模块间的连接，使各模块构成一个整体。

（5）PLC 的外围设备

外围设备是 PLC 系统不可分割的一部分，它有四大类：

①编程设备：有简易编程器和智能图形编程器，用于编程，对系统做一些设定，监控 PLC 及 PLC 所控制的系统的工作状况。编程器是 PLC 开发应用、监测运行、检查维护不可缺少的器件，但它不直接参与现场控制运行。

②监控设备：有数据监视器和图形监视器。直接监视数据或通过画面监视数据。

③存储设备：有存储卡、存储磁带、磁盘或只读存储器，用于永久性地存储用户数据，使用户程序不丢失，如 EPROM、EEPROM 写入器等。

④输入/输出设备：用于接收信号或输出信号，一般有条码读入器、输入模拟量的电位器、打印机等。

（6）PLC 的通信联网

PLC 具有通信联网的功能，它使 PLC 与 PLC 之间、PLC 与上位计算机以及其他智能设备之间能够交换信息，形成一个统一的整体，实现分散集中控制。

PLC 虽具有微机的许多特点但它的工作方式却与微机有很大不同。微机一般采用等待命令的工作方式，如常见的键盘扫描方式或 I/O 扫描方式，有键按下或 I/O 动作则转入相应的子程序；无键按下则继续扫描。PLC 则采用循环扫描工作方式，在 PLC 中用户程序按先后顺序存放，如 CPU 从第一条指令开始执行程序，直至遇到结束符后又返回第一条，如此周而复始不断循环。这种工作方式是在系统软件控制下，顺次扫描各输入点的状态，按用户程序进行运算处理，然后顺序向输出点发出相应的控制信号。整个过程可分为五个阶段：自诊断、通信处理、扫描输入、执行程序、刷新输出，其工作过程示意图如图 1-13 所示。

2.汇川PLC的种类及性能

汇川 PLC 的产品族谱如图 1-14 所示。汇川 PLC 主流产品是 H0U-XP（显控一体化）、H1U-XP（经济型）和 H2U-XP（通用性）。H3U-XP（高性能型）和 AM600（中型机）也即将向市场推广。

（1）H0U-XP 系列 PLC

H0U-XP 系列控制器是具备可编程控制器（PLC）和可编程文本显示器（TOD）功能的工业用控制器，均给用户提供了开放的二次编程功能。其中，逻辑编程软件为 AutoShop，文本编程软件为 HTodEditor，两者均由汇川公司开发及发行。用户可通过运用相应的编程软件，实现对 H0U 的逻辑或文本上的程序控制。其硬件配置功能丰富，集中的开关量输入/输

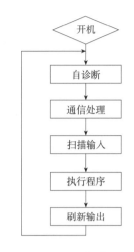

图 1-13　PLC 工作过程示意图

出端口、模拟量输入/输出端口、可编程通信端口，以及可编程中英文显示液晶屏界面，功能强大实用，可用于恒压供水、螺杆空压机、拉丝机等工业设备上，尤其是与 MD320 系列变频器配合工作，使得控制系统更简洁，功能更强大。H0U-XP 系列 PLC 的型号见表 1-1。H0U-XP 系列 PLC 具有三个通信接口，如图 1-15 所示。

图 1-14　汇川 PLC 的产品族谱

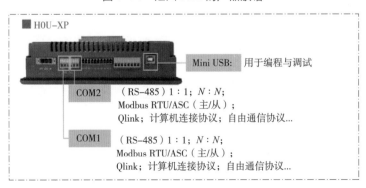

图 1-15　H0U-XP 系列 PLC 通信接口

8

表 1-1　H0U-XP 系列 PLC 的型号

型　　号	概　　述
H0U-0808MR-XP	8 入 8 出；2 路 RS-485；1 路 USB；继电器输出
H0U-0808MRT-XP	8 入 8 出；2 路 RS-485；1 路 USB；4 路晶体管 4 路继电器（2 路 100 kHz 高速输出）
H0U-1616MR-XP	16 入 16 出；2 路 RS-485；1 路 USB；继电器输出
H0U-1616MRT-XP	16 入 16 出；2 路 RS-485；1 路 USB；4 路晶体管 12 路继电器（2 路 100 kHz 高速输出）
H0U-0808MR-XP-6AT	8 入 8 出；2 路 RS-485；1 路 USB；支持 6AT 模拟量卡；继电器输出
H0U-0808MRT-XP-6AT	8 入 8 出；2 路 RS-485；1 路 USB；支持 6AT 模拟量卡；4 路晶体管 4 路继电器（2 路 100 kHz 高速输出）
H0U-1616MR-XP-6AT	16 入 16 出；2 路 RS-485；1 路 USB；支持 6AT 模拟量卡；继电器输出
H0U-1616MRT-XP-6AT	16 入 16 出；2 路 RS-485；1 路 USB；支持 6AT 模拟量卡；4 路晶体管 12 路继电器（2 路 100 kHz 高速输出）

（2）H1U-XP/H2U-XP 系列 PLC

H1U-XP/H2U-XP 系列 PLC 是汇川控制技术有限公司研发的高性价比控制产品，指令丰富，高速信号处理能力强，运算速度快，允许的用户程序容量 H2U-XP 系列 PLC 可达 24 千步（H1U-XP 系列 PLC 可达 12 千步），且不需外扩存储设备。H1U-XP/H2U-XP 系列 PLC 的型号分别见表 1-2、表 1-3。控制器提供了多种编程语言，用户可选用梯形图、指令表、步进梯形图、SFC 顺序功能图等编程方法。指令系统为广大工程技术人员所熟悉，而汇川公司提供的 AutoShop 编程环境，更是融合了众多 PLC 编程环境的优点，丰富的在线帮助信息，使得编程时无须查找说明资料，方便易用。AutoShop 提供了严密的用户程序保密功能，子程序单独加密功能，方便用户特有控制工艺的知识产权保护。对高速输出信号的处理部分，H1U-XP 系列 PLC 标配 3 路高速输出，H2U-XP 系列 PLC 部分 MT 版本具有 3 路高速输出功能，MTQ 版本则提供了 6 路高速脉冲输入、5 路高速脉冲输出功能，处理能力增强。H1U-XP/H2U-XP 系列 PLC 都具有丰富的通信接口，支持多种通信协议，如图 1-16、图 1-17 所示。

表 1-2　H1U-XP 系列 PLC 的型号

型　　号	概　　述
H1U-0806MR-XP	I/O：8 入 6 出，14 点继电器输出（2 路 60 kHz/4 路 10 kHz 高速输入）
H1U-0806MT-XP	I/O：8 入 6 出，14 点晶体管输出（2 路 60 kHz/4 路 10 kHz 高速输入；3 路 100 kHz 高速输出）
H1U-1208MR-XP	I/O：12 入 8 出，20 点继电器输出（2 路 60 kHz/4 路 10 kHz 高速输入）
H1U-1208MT-XP	I/O：12 入 8 出，20 点晶体管输出（2 路 60 kHz/4 路 10 kHz 高速输入；3 路 100 kHz 高速输出）
H1U-1410MR-XP	I/O：14 入 10 出，24 点继电器输出（2 路 60 kHz/4 路 10 kHz 高速输入）

型 号	概 述
H1U-1410MT-XP	I/O：14 入 10 出，24 点晶体管输出（2 路 60 kHz/4 路 10 kHz 高速输入；3 路 100 kHz 高速输出）
H1U-1614MR-XP	I/O：16 入 14 出，30 点继电器输出（2 路 60 kHz/4 路 10 kHz 高速输入）
H1U-1614MT-XP	I/O：16 入 14 出，30 点晶体管输出（2 路 60 kHz/4 路 10 kHz 高速输入；3 路 100 kHz 高速输出）
H1U-2416MR-XP	I/O：24 入 16 出，40 点继电器输出（2 路 60 kHz/4 路 10 kHz 高速输入）
H1U-2416MT-XP	I/O：24 入 16 出，40 点晶体管输出（2 路 60 kHz/4 路 10 kHz 高速输入；3 路 100 kHz 高速输出）
H1U-2820MR-XP	I/O：28 入 20 出，48 点继电器输出（2 路 60 kHz/4 路 10 kHz 高速输入）
H1U-2820MT-XP	I/O：28 入 20 出，48 点晶体管输出（2 路 60 kHz/4 路 10 kHz 高速输入；3 路 100 kHz 高速输出）
H1U-3624MR-XP	I/O：26 入 24 出，60 点继电器输出（2 路 60 kHz/4 路 10 kHz 高速输入）
H1U-3624MT-XP	I/O：26 入 24 出，60 点晶体管输出（2 路 60 kHz/4 路 10 kHz 高速输入；3 路 100 kHz 高速输出）

表 1-3 H2U-XP 系列 PLC 的型号

型 号	概 述
H2U-1010MR-XP	I/O：10 入 10 出，20 点继电器输出（2 路 60 kHz/4 路 10 kHz 高速输入）
H2U-1010MT-XP	I/O：10 入 10 出，20 点晶体管输出（2 路 60 kHz/4 路 10 kHz 高速输入；3 路 100 kHz 高速输出）
H2U-1616MR-XP	I/O：16 入 16 出，32 点继电器输出（2 路 60 kHz/4 路 10 kHz 高速输入）
H2U-1616MT-XP	I/O：16 入 16 出，32 点晶体管输出（2 路 60 kHz/4 路 10 kHz 高速输入；3 路 100 kHz 高速输出）
H2U-2416MR-XP	I/O：24 入 16 出，40 点继电器输出（2 路 60 kHz/4 路 10 kHz 高速输入）
H2U-2416MT-XP	I/O：24 入 16 出，40 点晶体管输出（2 路 60 kHz/4 路 10 kHz 高速输入；3 路 100 kHz 高速输出）
H2U-3624MR-XP	I/O：36 入 24 出，60 点继电器输出（2 路 60 kHz/4 路 10 kHz 高速输入）
H2U-3624MT-XP	I/O：36 入 24 出，60 点晶体管输出（2 路 60 kHz/4 路 10 kHz 高速输入；3 路 100 kHz 高速输出）
H2U-3232MR-XP	I/O：32 入 32 出，64 点继电器输出（2 路 60 kHz/4 路 10 kHz 高速输入）

型　号	概　述
H2U-3232MT-XP	I/O：32 入 32 出，64 点晶体管输出（2 路 60 kHz/4 路 10 kHz 高速输入；3 路 100 kHz 高速输出）
H2U-4040MR-XP	I/O：40 入 40 出，80 点继电器输出（2 路 60 kHz/4 路 10 kHz 高速输入）
H2U-4040MT-XP	I/O：40 入 40 出，80 点晶体管输出（2 路 60 kHz/4 路 10 kHz 高速输入；3 路 100 kHz 高速输出）
H2U-6464MR-XP	I/O：64 入 64 出，128 点继电器输出（2 路 60 kHz/4 路 10 kHz 高速输入）
H2U-6464MT-XP	I/O：64 入 64 出，128 点晶体管输出（2 路 60 kHz/4 路 10 kHz 高速输入；3 路 100 kHz 高速输出）
H2U-3232MTQ	I/O：32 入 32 出，60 点晶体管输出（6 路 100 kHz 高速输入；5 路高速输入）
H2U-3232MTP	I/O：32 入 32 出，64 点晶体管输出（8 路 100 kHz 高速输出）
H2U-4040MR-8AB	I/O：40 入 40 出，80 点晶体管输出（8 路 AB 相）
H2U-1616MTS	I/O：16 入 16 出，32 点晶体管输出（H2U 水电行业专用主模块）
H2U-8A91G-XP	本体带模拟量 I/O 的专用控制器：8DI，10DO，9AI，1AO，SCI×4

项目 ① 认识工控系统

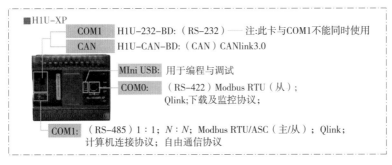

图 1-16　H1U-XP 系列 PLC 通信接口

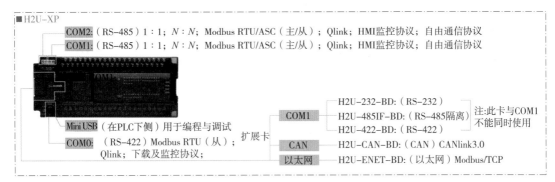

备注:Qlink汇川HMI与PLC之间采用Modbus通信时，即会自动以高速方式通信，无需用户特别设定。

图 1-17　H2U-XP 系列 PLC 通信接口

H1U–XP/H2U–XP 系列 PLC 通信功能应用举例。

①Modbus 主/从协议通信，能直接和支持 Modbus 的设备进行数据交换。作为主站，既可以指令方式编程，也可以配置方式编程，不用写指令，可以直接在软件内选表设置。硬件连接示意图，如图 1–18 所示。

②N：N 网络协议通信，支持一台主机与最多七台从机组网运行，PLC 之间可进行数据交换，利用此协议，可实现多台 PLC 协同工作，简化了复杂系统和分布式控制的编程工作。N：N 网络协议通信具有增强的通信检验功能。其硬件连接示意图，如图 1–19 所示。

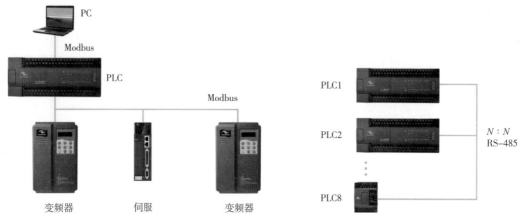

图 1–18　Modbus 主/从协议通信硬件连接示意图　　图 1–19　N：N 网络协议通信硬件连接示意图

③1：1 并联协议通信，实现两台 PLC 之间进行快速数据交换，主、从机配置，可轻松实现高可靠性的 1+1 冗余备份，如果一台 PLC 发生故障，可以无缝切换到另一台 PLC 继续工作，保证设备的可靠运行。硬件连接示意图，如图 1–20 所示。

④CANlink协议通信，提供了CAN通信指令；采用汇川特有的CANlink协议，可实现PLC、变频器、伺服等产品之间的快速连接，编程简单；采用CANlink通信配置方式编程，可使得应用系统效率显著提高。硬件连接示意图，如图1–21所示。

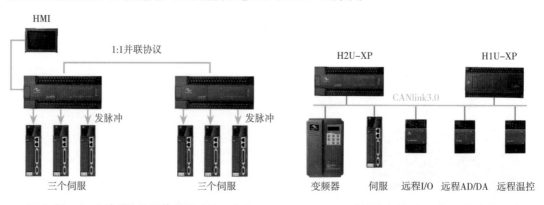

图 1–20　1：1 并联协议通信硬件连接示意图　　图 1–21　CANlink 协议通信硬件连接示意图

⑤PLC 程序的异地下载与调试，通过局域网、广域网、3G/GPRS 通信网络可以对异地PLC 进行用户程序升级、监控调试，还可进行多方联合调试，解决了工程师到现场才能调试的麻烦。硬件连接示意图，如图 1–22 所示。

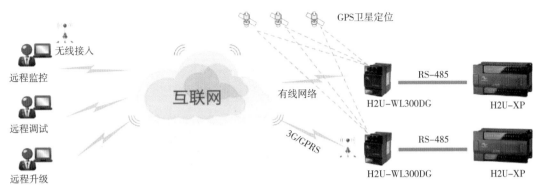

图 1-22 PLC 程序的异地下载与调试硬件连接示意图

（3）AM600 系列中型 PLC

AM600 系列中型 PLC 在总线运动控制方面的特点如下：

①将 EtherCAT 总线与运动控制算法相结合；

②最多可连接 32 个伺服从站；

③同步周期 1 ms 最多可支持五轴同步控制；

④两伺服从站最长可达 100 m 距离；

⑤支持多轴电子凸轮/电子齿轮联动；

⑥实轴与虚轴可同时相结合控制；

⑦丰富的运动控制指令可通过五种 PLCopen 标准语言编程设计；

⑧凸轮表与 IEC 程序相结合控制编程，可实现变量趋势跟踪；

⑨可在上位机设计 HMI 界面与 PLC 程序相结合。

AM600 系列中型 PLC 在集散系统应用方面的特点如下：

①支持数字输入、数字输出、模拟输入、模拟输出、温度控制模块；

②每个机架最多可带 16 个 I/O 扩展模块；

③系统可通过分布式 I/O 方式扩展机架，最多可扩展 125 个机架；

④分布式 I/O 可通过 PROFIBUS-DP/CANopen/EtherCAT 总线扩展机架；

⑤系统最多可支持 32 000 个数字式 I/O；

⑥系统最多可支持 16 000 个模拟通道；

⑦两机架最远可达 100 m。

AM600 系列中型 PLC 通信网络连接示意图，如图 1-23 所示。

3.AutoShop编程软件的使用

AutoShop 编程软件为汇川控制技术公司研发的编程后台软件，在该软件环境下，可进行 H1U-XP/H2U-XP 系列 PLC 用户程序的编写、下载和监控等功能。

（1）编程与用户程序下载

AutoShop 环境提供了梯形图、步进梯形图、SFC、指令表等编程语言，用户可选用自己熟悉的编程语言进行编程，根据 PLC 应用系统的控制工艺要求，设计程序。编程过程中，可随时进行编译，及时检查和修正编程错误。AutoShop 编辑界面如图 1-24 所示。

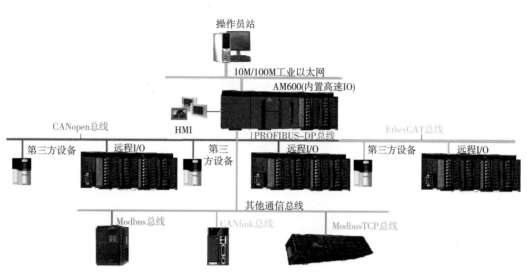

图 1-23　AM600 系列中型 PLC 通信网络连接示意图

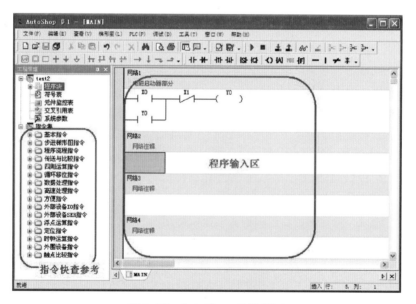

图 1-24　AutoShop 编辑界面

在工具栏中 从左往右的功能依次为：编译、全部编译、运行、停止、下载、上传、监控、在线修改。

在程序输入区中编写梯形图，程序设计完毕后，在 PLC 和计算机正常连接，并已通电的情况下，单击 按钮将程序进行编译，在信息窗口提示编译信息和通信信息，如果没有错误即可下载用户程序，程序下载完毕，将 PLC 上 RUN/STOP 拨动开关拨至 RUN 位置，PLC 即可开始运行用户程序。

在 PLC 运行用户程序时，单击 按钮即可进行运行的停止和运行命令操作；单击 按钮可在线监控 PLC 内各种继电器和寄存器 D 的状态和读数，并在当前编程界面上显示出来，方便程序调试。

（2）软件的编程功能

在图 1-25 所示的"工程管理"窗格中，提供了一些快捷的编辑功能：

①主程序（MAIN）、子程序（SBR_01）、中断子程序（INT_01）独立编写：可以右击"程序块"选择"插入子程序"和"插入中断子程序"，如图 1-25 所示。

图 1-25　程序结构

②逐行注释，极大方便程序阅读与存档。

③"符号表"允许给变量定义别名，提高编程效率，减少出错。

④"交叉引用表"方便程序检查、分析、阅读。

⑤所有指令均提供了"指令向导"，编程时无须时刻查阅手册。

⑥"信息输出窗口"可提示程序每一个错误位置，使得编程查错变得轻松，如图 1-26 所示。

⑦实时监控功能，方便程序调试。

图 1-26　信息输出窗口

练习与提高

1.通过网站了解汇川PLC的型号、性能、应用。

2.通过官网下载AutoShop编程软件并安装。

3.建立一个工程，完成电动机点动及长动控制的梯形图程序。

任务3 认识触摸屏及软件

任务布置

- 认识汇川触摸屏，了解汇川组态软件。
- 掌握汇川组态软件安装，工程建立及下载。

触摸屏是系统和用户之间进行交互和信息交换的媒介，主要功能是取代传统的按钮、开关、控制面板和显示仪表，同时可控制PLC、单片机、变频器、智能仪表等；能有效地节省PLC编辑空间和程序量、随时显示重要信息，有利于机械设备的正常运行，便于维修；可以存储丰富多彩的画面信息，使机器具有人性化；具有组网通信功能，能够有效提高该设备的智能化、信息化和自动化控制程度。触摸屏技术目前已在工控行业广泛应用，起着重要的监视与控制作用。

任务训练

1.认识汇川触摸屏

汇川公司生产的 InoTouch 系列触摸屏可以分为标准配置产品和网络型产品，端口主要包括电源接口、三组通信串口、以太网接口、USB 主从接口、音频口、SD 卡插口等，汇川触摸屏主流型号为 5000 系列，常见有 IT5043T、IT5070T、IT5010T 等。IT5070T 触摸屏产品正面如图 1-27 (a) 所示，背面接口如图 1-27 (b) 所示。

具体来说，主要端口功能有：

(1) 与外围设备的连接（DB9 母插头/DB9 公插头）

DB9 母插头：COM1 [RS-485]/COM2 [RS-422]/COM3 [RS-232] 通信端口，用于连接具有"RS-485/RS-422/RS-232"通信端口的控制器。

DB9 公插头：COM1/COM2 [RS-232]，用于连接具有 RS-232 通信端口的控制器。

(2) USB 主从接口

产品外壳背面的 USB 主从接口：USB Client (Type B) 接口，用于与 PC 连接，进行上传、下载用户组态程序和设置触摸屏系统参数；USB Host (Type A) 接口，用于与 U 盘、USB 鼠标、USB 键盘及 USB 打印机等设备连接。

(3) Ethernet 以太网连接

产品外壳背面的以太网接口为 10M/100M 自适应以太网接口。该接口可以用于触摸屏组态的上传、下载，系统参数的设置和组态的在线模拟；可以通过以太网连接多个 HMI 构成多HMI 联机；可以通过以太网接口与 PLC、PC 等进行通信。

InoTouch 系列触摸屏产品最多可以同时连接四种不同协议的设备。连接的设备之间，通过触摸屏进行资料交换。在一台触摸屏上可以管理所有信息，实现"一屏多机"的连接方案。汇川触摸屏支持使用 USB 或者以太网连接 PC，对 PLC 程序进行上传、下载、监控等操作。

除了可以通过以太网远程上传、下载程序，触摸屏之间互相组网，穿透通信功能之外，还可通过以太网连接支持 Modbus TCP/IP 协议的设备。

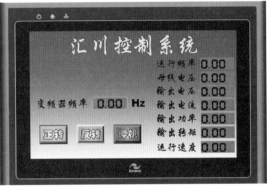

（a）产品正面

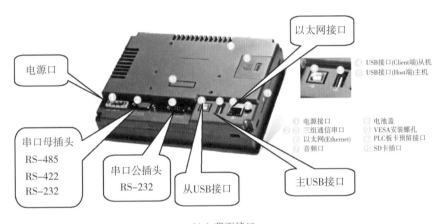

（b）背面接口

图 1-27　汇川 IT5070T 触摸屏产品正面及背面接口

2.了解触摸屏软件

InoTouch Editor 是汇川触摸屏组态软件，采用 Windows Visual Studio 风格，功能强大，支持 65 536 色真彩显示；支持 Windows 平台矢量字体；支持 BMP、JPG、GIF 等格式的图片；支持 USB 设备；支持历史数据、故障报警；支持离线模拟和在线模拟功能；支持视频播放功能。

汇川 InoTouch Editor 组态软件可进入汇川官方网站 http：//www.inovance.cn/Download/Software.aspx 进行下载。下载完毕后，解压安装包，双击文件内的 setup.exe 文件，根据指导提示，单击"下一步"按钮，即可完成安装，桌面将生成 图标。

3.建立工程

（1）打开软件

双击 图标，或者单击"开始"按钮，在弹出的菜单中选择"所有程序"命令下的 Inovance Control 命令，单击相对应的执行程序，即可打开 InoTouch Editor 软件，其结构布局如图 1-28 所示。

（2）新建工程

单击工具栏上"新建工程"按钮，弹出图 1-29 所示新建工程窗口。输入工程名称，选择保存工程的路径，选择触摸屏型号以及屏幕类型等，设置完成后，再单击"确定"按钮，将会弹出图 1-30 所示界面。

单击"设置"按钮即可进入修改通信参数的界面，如图 1-31 所示。设置通信参数：波特率为 9 600、7 位数据位、偶检验、1 位停止位，使用人机界面的 COM1 RS-232 方式连接到汇川 PLC。

至此，工程建立完毕。

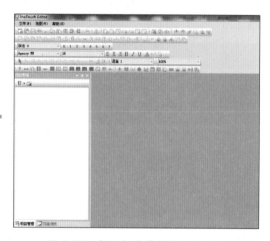

图 1-28　汇川组态软件结构布局图

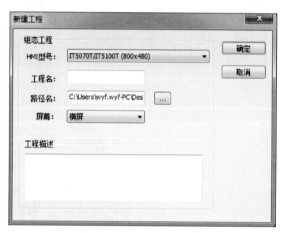

图 1-29　新建工程窗口

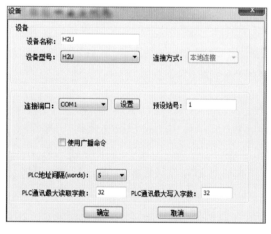

图 1-30　设备通信设置窗口 1

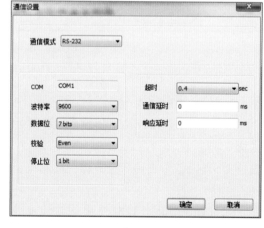

图 1-31　设备通信设置窗口 2

4.下载工程

工程下载就是要把界面程序下载到触摸屏中，汇川触摸屏支持 USB 下载和以太网下载两种方式。

（1）USB 下载

在 USB 下载前，必须安装驱动，驱动文件的路径为"…\Inovance Control\InoTouch\

drive\usb\", 名称为"HccUsb.Inf", 其中"..."表示汇川 InoTouch Editor 软件安装的位置。此外, 在下载程序前, 必须对组态工程做好存盘和编译的工作。准备工作完成后, 单击"下载"按钮后, 将会出现图 1-32 所示界面。

　　(2) 以太网下载

　　使用网线下载程序, 需要知道触摸屏的 IP 地址和下载密码, 如果是计算机直接与触摸屏连接, 则计算机的 IP 地址必须设置为与触摸屏的 IP 地址在同一个网段, 并使用交叉网线来下载程序。假设触摸屏的 IP 地址设定为 192.168.60.201, 计算机的 IP 地址与触摸屏的 IP 地址在同一个网段为 192.168.60.202, 下载密码为初始密码 000000, 单击 InoTouch Editor 软件菜单"工具 / 下载"或者按快捷键【F7】或者单击工具栏上的图标, 将会弹出图 1-33 所示界面。

图 1-32　组态工程 USB 下载图

图 1-33　组态工程以太网下载图

　　当 USB 下载或以太网下载选择完成后, 选择"Firmware"和"工程文件"复选框后, 单击"开始下载"按钮, 就可以执行下载程序的动作, 且下载完成后, InoTouch 系列触摸屏会自动重新启动刚刚下载的界面程序。

练习与提高

1.通过网站了解汇川触摸屏的型号、外观和接口。
2.通过官网下载InoTouch Editor触摸屏软件并安装。
3.建立一个工程, 在工程中写入自己的班级、学号、姓名, 并下载在汇川触摸屏中。

项目 1 认识工控系统

任务4 认识变频器

任务布置

● 汇川变频器介绍。

● MD500 系列变频器主要应用行业介绍。

变频器是应用变频技术与微电子技术，通过改变电动机工作电源频率的方式来控制交流电动机的电力控制设备。变频器主要由整流（交流变直流）、滤波、逆变（直流变交流）、制动单元、驱动单元、检测单元、微处理单元等组成。变频器靠内部 IGBT 的通断来调整输出电源的电压和频率，根据电动机的实际需要来提供其所需要的电源电压，进而达到节能、调速的目的，另外，变频器还有很多的保护功能，如过电流、过电压、过载保护等。随着工业自动化程度的不断提高，变频器也得到了非常广泛的应用。

任务训练

1.汇川变频器介绍

（1）MD210 系列变频器

MD210 系列变频器是一款紧凑型小功率变频器，是针对小型自动化设备推出的经济型机型，属于经济型通用变频器，特别适合电子设备、食品包装、木工、玻璃加工等小功率传动的场合。MD210 系列变频器的实物外形图，如图 1-34 所示。

主要特点：

①功率范围：0.4 ~ 2.2 kW。

②体积小巧，可并列安装，以减少控制柜体积。

图 1-34 MD210 系列变频器的实物外形图

③操作简单，易用性好，使用默认参数即可满足大部分场合的应用。用操作面板，可对变频器进行功能参数修改、工作状态监控和运行控制。

④维护方便，支持上位机软件，可通过计算机管理参数。

⑤内置 PID，多段速 PLC，具备虚拟 I/O 功能，标配 Modbus 通信。

（2）MD280 系列变频器

MD280 系列变频器是汇川公司针对广阔的中低端市场开发的 V/F 通用产品。MD280 系列变频器借鉴已在市场上得到客户广泛验证的 MD300/MD320 的特点，并在此基础上对功能进一步完善，更好地满足客户应用的需求。MD280 系列变频器不仅支持操作面板，端子和串口通信控制三种控制方式，还具有多点 V/F、多段速、简易 PLC、PID、摆频、跳跃频率、转速跟踪等功能。MD280 系列变频器适配带电位器的外引键盘。MD280 系列变频器的实物外形图，如图 1-35 所示。

主要特点：

①功率范围：0.4 ～ 450 kW。

②高可靠性。

③高易用性。

④内置 RS-485 通信接口。

⑤便捷的维护操作。

（3）MD310 系列变频器

MD310 系列变频器是一款通用紧缩型多功能变频器，采用开环矢量和 V/F 控制方式，以高性能的电流矢量控制技术可实现异步电动机控制。自带 RS-485 通信口，内置 PID，可方便实现闭环过程控制，最多可实现 16 段速运行。具有摆频及定长控制，可用于纺织、造纸、拉丝、机床、包装、食品、风机、水泵及各种自动化生产设备的驱动。MD310 系列变频器的实物外形图，如图 1-36 所示。

图 1-35　MD280 系列变频器的实物外形图　　　图 1-36　MD310 系列变频器的实物外形图

主要特点：

①功率范围：0.4 ～ 18.5 kW。

②体积小，性价比高，可以多台并列安装，空间更省。

③高启动转矩性能。

④满载时转速转矩测试：满载时电动机输出额定转矩 102.4 N·m，如图 1-37 所示；SVC 控制速度波动实测 0.2%，SVC 控制稳速精度实测 0.4%。

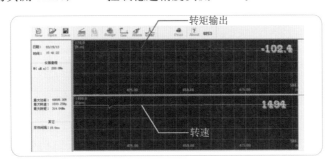

图 1-37　MD310 系列变频器满载时转速转矩测试

项目 1 认识工控系统

⑤瞬停不停功能。此功能指在瞬时停电时变频器不会停机。在瞬时停电或电压突然降低的情况下，变频器降低输出速度，通过负载回馈能量，补偿电压的降低，以维护变频器短时间内运行，如图 1-38 所示。

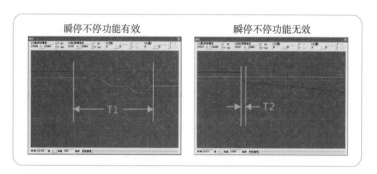

图 1-38　MD310 系列变频器瞬停不停功能

⑥完善的过励磁制动功能。此功能可以有效抑制减速过程中母线电压上升，避免频繁报过电压故障，如图 1-39 所示。

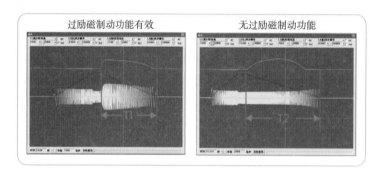

图 1-39　MD310 系列变频器过励磁制动功能

⑦内置 PID 功能。内置有 PID 调节器，配合频率给定通道的选择，用户可方便地实现过程控制的自动调节，如图 1-40 所示。实现例如恒温、恒压、张力等控制应用。

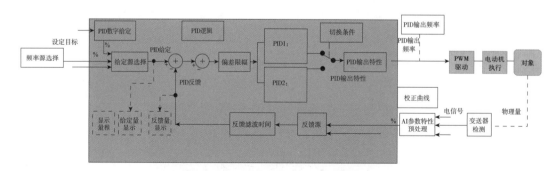

图 1-40　MD310 系列变频器内置 PID 功能

⑧摆频功能。如图 1-41 所示，在纺织、化纤的加工设备中，使用摆频功能，可以改善纱锭绕卷的均匀平密。

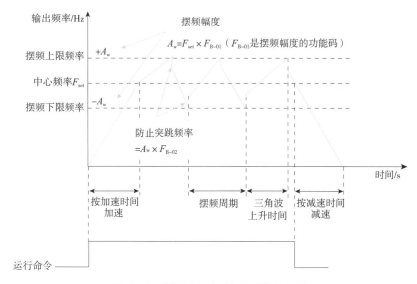

图 1-41　MD310 系列变频器摆频功能

⑨ 多电动机切换功能。可存储四台电动机参数，一台变频器可分时控制四台电动机运行，如图 1-42 所示。

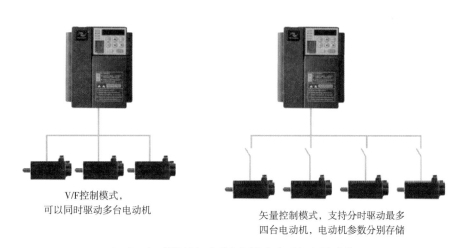

图 1-42　MD310 系列变频器多电动机切换功能

⑩ 具备输入缺相保护功能。具备电动机对地短路及电动机相间短路保护功能，保护全面，可保证可靠运行。

⑪ 支持多种现场总线。标配 RS-485 通信接口支持 Modbus RTU 通信，可扩展 CANopen，CANlink，实现与汇川产品的快速总线连接。通信接口接线端子如图 1-43 所示。

图 1-44 为 7.5 kW 以下三相 220 V　MD310 系列变频器接线示意图，所有 MD310 系列变频器控制回路接线方式一样。

MD310 系列变频器操作与显示界面介绍：用操作面板，可对变频器进行功能参数修改、变频器工作状态监控和变频器运行控制（启动、停止）等操作,其操作面板如图 1-45 所示。

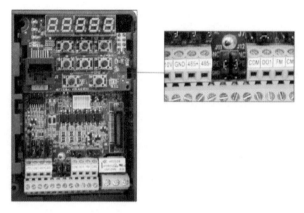

图 1-43   MD310 系列变频器通信接口接线端子

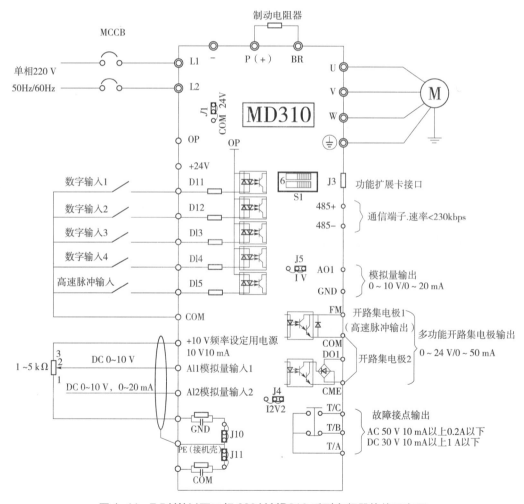

图 1-44   7.5 kW 以下三相 220 V MD310 系列变频器接线示意图

图1-45 MD310系列变频器操作面板

①功能指示灯说明：

FWD/REV：正反转指示灯。灯灭表示正转状态；灯亮表示反转状态。

REMOT：键盘操作、端子操作与远程操作(通信控制)指示灯。灯灭表示键盘操作控制状态；灯亮表示端子操作控制状态；灯闪烁表示远程操作控制状态。

RUN/ERR：灯灭时表示变频器处于停机状态；绿灯亮时表示变频器处于运转状态；红灯闪表示变频器处于故障状态。

TUNE/TC：调谐/转矩控制故障指示灯。灯亮表示变频器处于转矩控制模式；灯慢闪表示变频器处于调谐状态；灯快闪表示变频器处于故障状态。

②数码显示区：五位LED显示，可显示设定频率、输出频率，各种监视数据以及报警代码等。

③ MD310系列变频器操作面板按键说明，如表1-4所示。

表1-4 MD310系列变频器操作面板按键说明

按　键	名　称	功　能
PRG	编程键	一级菜单进入或退出
ENTER	确认键	逐级进入菜单界面，设定参数确认
▲	递增键	数据或功能码的递增
▼	递减键	数据或功能码的递减
▶	移位键	在停机显示界面和运行显示界面下，可循环选择显示参数；在修改参数时，可以选择参数的修改位
RUN	运行键	在键盘操作方式下，用于运行操作
STOP/RES	停止/复位	运行状态时，按此键可用于停止运行操作；故障报警状态时，可用来复位操作，该键的特性受功能码F7-02制约
MF.K	多功能选择键	根据F7-01进行功能切换选择，可定义为命令源、方向快速切换或参数显示方式

MD310 系列变频器功能码查看及修改方法：

MD310 系列变频器的操作面板采用三级菜单结构进行参数设置等操作。

三级菜单分别为功能参数组（I 级菜单）→功能码（II 级菜单）→功能码设定值（III 级菜单）。操作流程如图 1-46 所示。

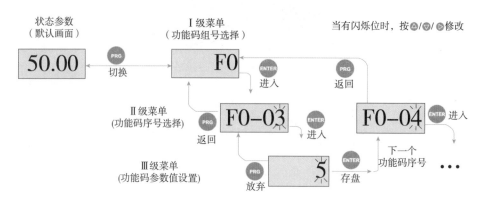

图 1-46　MD310 系列变频器三级菜单操作流程图

（4）MD380 系列变频器

MD380 系列变频器是一款通用高性能电流矢量变频器，主要用于控制和调节三相交流异步电动机的速度。MD380 系列变频器采用高性能的矢量控制技术，低速高转矩输出，具有良好的动态特性、超强的过载能力，增加了用户可编程功能及后台监控软件，通信总线功能，支持多种 PG 卡等，组合功能丰富强大，性能稳定。可用于纺织、造纸、拉丝、机床、包装、食品、风机、水泵及各种自动化生产设备的驱动。MD380 系列变频器的实物外形图，如图 1-47 所示。

图 1-47　MD380 变频器

主要特点：

①功率范围：0.4 ~ 500 kW。

②支持多种电动机的矢量控制，支持三相交流异步电动机、三相交流同步电动机的矢量控制，支持不带绝对位置反馈的永磁同步电动机的矢量控制。

③具有无速度传感器矢量控制性能，可以堵转运动，在 0.5 Hz 输出 150% 额定力矩；对电动机参数的敏感性降低，提高了现场适应性；可应用于卷绕控制，多电动机拖动同一负载下的负荷分配等场合。

④高启动转矩特性及超群的响应性。MD380 系列变频器在 0.5 Hz 可提供 150% 的启动转矩（无传感器矢量控制），在 0 Hz 可提供 180% 的零速转矩（有传感器矢量控制）；无传感器矢量控制下，转矩响应 <20 ms，有传感器矢量控制下，转矩响应 <5 ms。

⑤保护机械的转矩限制。当转矩超过机械能够承受的最大转矩时，变频器可以将转矩限制在所设定的最大转矩以内，在发挥机械最大效率的前提下更妥善地保护设备安全。

⑥虚拟 I/O 功能。可设定五组虚拟 DIDO，虚拟 DI 端子的状态可以直接由功能码给定或绑定对应的虚拟 DO 功能。

⑦灵活实用的模拟量输入/输出口。每个模拟量输入(AI1~AI3),可分别设置四个点的曲线,使用更灵活;AI1~AI3可出厂校正或用户现场校正线性曲线,校正后精度达20 mV;AO可出厂校正或用户现场校正线性曲线零漂和增益,校正后精度达20 mV;AI1~AI3均可作为DI使用;AI3为隔离输入口,可作为PT100、PT1000或±10 V输入口。

⑧瞬停不停及快速限流功能。瞬停不停功能指在瞬时停电时变频器不会停机,在瞬间停电或电压突然降低的情况下,变频器降低输出速度,通过负载回馈能量,补偿电压的降低,以维持变频器短时间内继续运行,如图1-48所示;快速限流功能可以避免变频器频繁地出现过电流报警,当电流超过电流保护点时,快速限流功能可以将电流快速限制在电流保护点以内,从而保护设备的安全,避免由于突加负载或者干扰造成的过电流报警。

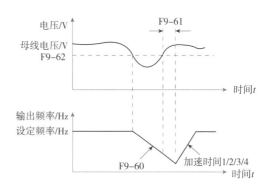

图1-48 MD380瞬停不停功能

⑨电动机过热保护及多电动机切换功能。选用输入/输出扩展卡,模拟量输入AI3可接受电动机温度传感器(PT100,PT1000)的信号。当电动机温度超过预警值时,变频器输出脉冲信号提示过热,当电动机温度超过过热保护值时,变频器故障输出给电动机妥善的保护;具备四组电动机参数,可实现四台电动机切换控制,可实现同步电动机与异步电动机的切换。

MD380系列变频器具有丰富的可扩展能力,如图1-49所示。

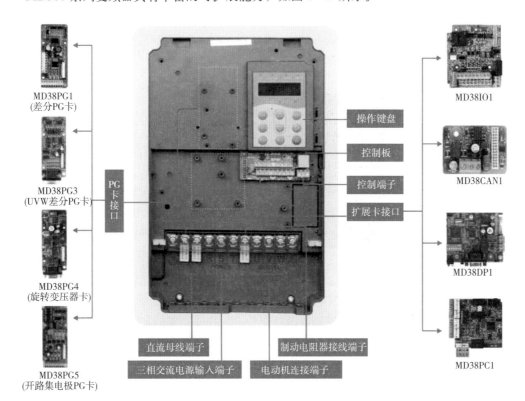

图1-49 MD380系列变频器的扩展

（5）MD500 系列变频器

MD500 系列变频器是一款通用高性能电流矢量变频器，主要用于控制和调节三相交流异步电动机的速度和转矩，是 MD380 系列变频器的技术升级产品。MD500 系列变频器采用高性能的矢量控制技术，低速高转矩输出，具有良好的动态特性、超强的过载能力，增加了用户可编程功能及后台监控软件，通信总线功能，支持多种 PG 卡等，组合功能丰富强大、性能稳定。MD500 系列变频器的实物外形图，如图 1-50 所示。

图 1-50　MD500 系列变频器的实物外形图

主要特点：

①功率范围：18.5～110 kW。业内一流的高功率密度设计水平，领先的技术平台；与同功率 MD380 系列产品相比体积最大减少 66%；极大地节省安装空间，方便电控器件布局；体积小，安装布局方便、节省空间；30 kW 以上系列标配，内置 H 级绝缘等级直流电抗器。

②符合国际标准的宽电压输入范围，满足 CE 认证，按照 UL 认证规范设计；额定电压：三相 380～480 V，50 Hz/60 Hz；允许电压波动范围：323～528 V，50 Hz/60 Hz。

③高性能矢量控制。稳速精度：±0.5%（SVC，开环矢量控制）、±0.02%（FVC，闭环矢量控制）；调速范围：1:100（SVC）、1:1 000（FVC）；闭环矢量下力矩控制能够实现 1% 的（直线性）稳定输出，低频转矩大，能够实现超低速 0.01 Hz 的稳定带载运行，力矩/速度间方便切换，相关曲线如图 1-51 和图 1-52 所示；实现 VF 完全分离和半分离下运行，满足变频变压的电源应用要求。

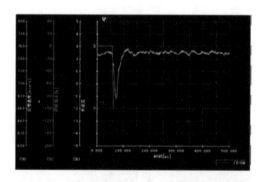

图 1-51　SVC 动态速度精度（速度抗负载扰动）

④可选用户可编程扩展卡，PLC 卡与变频器主 CPU 间通信速度快，2 ms 内可更新完 PLC 和主 CPU 间常用数据；可对变频器内部变量批量操作，支持变频器所有端口资源共享，兼容 H1U 系列的编程方法；MD38PC1 编程卡提供硬件资源，程序量达 8 千步，MD38PC1 编程卡实物外形图如图 1-53 所示。

⑤多驱动功能，MD500E 系列变频器能够实现无编码器的同步电动机控制，让同步电动机控制大众化，示意图如图 1-54 所示。

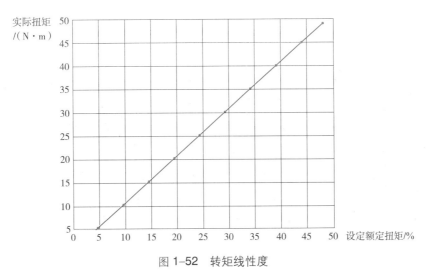

图 1-52　转矩线性度

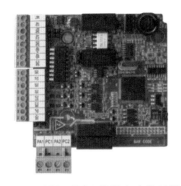

图 1-53　MD38PC1 编程卡实物外形图

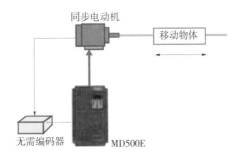

图 1-54　MD500E 系列变频器控制同步电动机示意图

⑥完善的制动回路方案；18.5～75 kW 可选内置制动单元；制动能力强，短时制动能力可达 1.1　1.4 倍变频器额定功率；制动保护更全面、智能化；制动电阻器短路保护、制动回路过电流保护、制动管过载保护、制动管直通短路保护等。

⑦内置自适应 PID 功能模块。内置两组 PID 参数组，可根据偏差、DI 端子、频率条件自动切换；PID 反馈丢失检测功能，方便用户故障诊断功能；针对特定行业一组 PID 出厂值参数，即可满足设备运行要求，适应于印包、拉丝机、线缆等受卷径变化场合，简化调试流程，方便设备维护。

⑧支持汇川公司 InoDriverShop 后台软件，丰富的后台监控功能，方便现场数据采集和调试；支持在线示波器功能；支持参数批量上传和下载；能够实现 DI/DO、AI/AO 逻辑功能选择设置和曲线线性关系设置；可实时显示 U0 组参数功能；能够自动生成调试文档记录。InoDriverShop 软件的示波器功能界面如图 1-55 所示，功能码列表界面如图 1-56 所示。

⑨通信接口应用灵活，支持 Modbus RTU、CANopen、Profibus-DP 总线协议；通过变频器内部点到点的专用通信组参数，可很好地实现多机负荷分配、多机下垂控制应用需求。

项目
1
认识工控系统

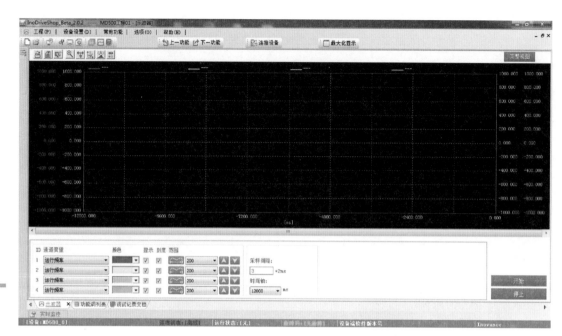

图 1-55 InoDriverShop 软件的示波器功能界面

图 1-56 InoDriverShop 软件的功能码列表界面

18.5 ～ 75 kW 三相 380 ～ 480 V MD500 系列变频器端子接线图，如图 1-57 所示。

MD500 系列变频器操作与显示界面介绍：

用操作面板，可对变频器进行功能参数修改、变频器工作状态监控和变频器运行控制（启动、停止）等操作，其实物外形及功能区如图 1-58 所示。

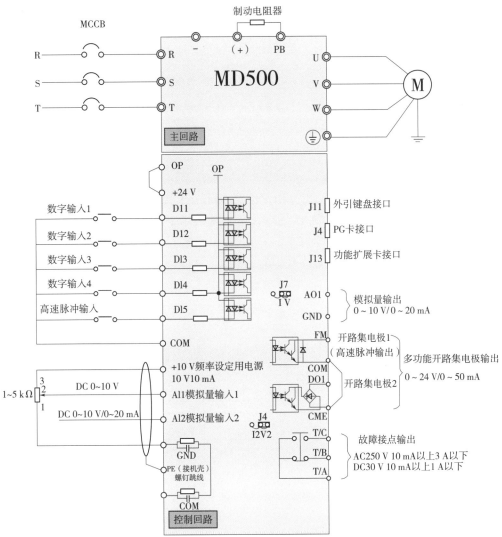

图 1-57　18.5 ～ 75 kW 三相 380 ～ 480 V MD500 系列变频器端子接线图

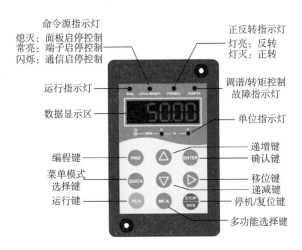

图 1-58　MD500 操作面板实物外形及功能区

① RUN：灯亮时表示变频器处于运转状态；灯灭时表示变频器处于停机状态。

② LOCAL/REMOT：键盘操作、端子操作与远程操作（通信控制）指示灯，如表1-5所示。

表1-5　LOCAL/REMOT 指示灯说明

○LOCAL/REMOT：熄灭	面板启停控制方式
●LOCAL/REMOT：常亮	端子启停控制方式
◐LOCAL/REMOT：闪烁	通信启停控制方式

③ FWD/REV：正反转指示灯，灯亮时表示变频器处于反转运行状态。

④ TUNE/TC：调谐/转矩控制故障指示灯。灯亮表示变频器处于转矩控制模式；灯慢闪表示变频器处于调谐状态；灯快闪表示变频器处于故障状态。

⑤ 单位指示灯：用于指示当前显示数据的单位。

⑥ 数码显示区：共有五位LED显示，可显示设定频率、输出频率，各种监视数据以及报警代码等。

⑦ 键盘按键说明，如表1-6所示。

表1-6　MD500系列变频器操作面板按键说明

接　键	名　称	功　能
PRG	编程键	一级菜单进入或退出
ENTER	确认键	逐级进入菜单界面、设定参数确认
△	递增键	数据或功能码的递增
▽	递减键	数据或功能码的递减
▷	移位键	在停机显示界面和运行显示界面下，可循环选择显示参数；在修改参数时，可以选择参数的修改位
RUN	运行键	在键盘操作方式下，用于运行操作
STOP RES	停止/复位	运行状态时，按此键可用于停止运行操作；故障报警状态时，可用来复位操作，该键的特性受功能码F7-20制约
MF.K	多功能选择键	根据F7-01进行功能切换选择，可定义为命令源或方向快速切换
QUICK	菜单模式选择键	根据FP-03中值切换不同的菜单模式（默认为一种菜单模式）

MD500系列变频器功能码查看及修改方法：

MD500系列变频器的操作面板采用三级菜单结构进行参数设置等操作。

三级菜单分别为功能参数组（Ⅰ级菜单）→功能码（Ⅱ级菜单）→功能码设定值（Ⅲ级菜单）。操作流程与MD310基本一样，可参考MD310的菜单操作流程图（见图1-46）。

说明：在三级菜单操作时，可按 PRG 键或 ENTER 键返回二级菜单。两者的区别是，按 ENTER 键将设定参数保存后返回二级菜单，并自动转移到下一个功能码；而按 PRG 键则是放弃当前的参数修改，直接返回当前功能码序号的二级菜单。

举例：将功能码F3-02从10.00 Hz更改设定为15.00 Hz的示例，如图1-59所示。

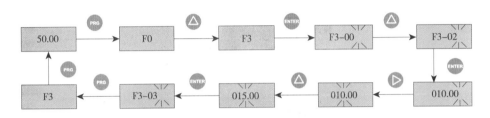

图1-59　功能码 F3-02 更改设定示意图

在第三级菜单状态下，若参数没有闪烁位，表示该功能码不能修改，可能原因有：
① 该功能码为不可修改参数，如变频器类型、实际检测参数、运行记录参数等。
② 该功能码在运行状态下不可修改，需停机后才能进行修改。

2.MD500系列变频器主要应用行业

（1）机床行业

MD500系列变频器在机床行业主要应用于中型数控机床、大吨位冲床、螺母攻丝机等，如图1-60所示。

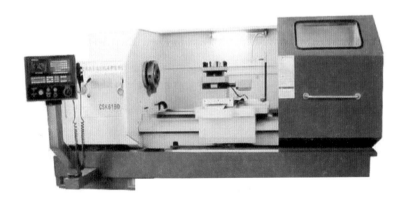

图1-60　MD500系列变频器在机床行业的应用

MD500系列变频器具有以下多项优势：宽电压输入范围，允许输入323～528 V；高性能稳速精度、快启快停指标满足设备要求；可选内置制动单元到75 kW；安装体积小；制动回路故障保护完善，有制动电阻器短路保护；各功率段CE认证齐全，满足出口电气标准；可选配塑胶缓冲附件用于剧烈振动的场合。

（2）空压机行业

MD500 系列变频器在空压机行业主要应用于变频螺杆空压机等，如图 1-61 所示。

MD500 系列变频器具有以下多项优势：高功率密度、重载机（G 型）满足一些空压机 1.1 倍循环过载要求；节省空间；同步机驱动技术引领行业产业升级；高效、节能、体积小、直接驱动、噪声低、启动转矩大；结合专用汇川空压机控制器和物联网模块，可以提供整套空压机系统方案。

图 1-61　MD500 系列变频器在空压机行业的应用

（3）纺织/染整行业

MD500 系列变频器在纺织/染整行业主要应用于细纱机、粗纱机、加捻机、染缸等，如图 1-62 和图 1-63 所示。

图 1-62　MD500 系列变频器在纺织行业的应用

图 1-63　MD500 系列变频器在染整行业的应用

MD500 系列变频器具有以下多项优势：高要求的设计规范，极限循环负载的过载测试指标，满足纺织行业的热环境要求，如专用散热风扇、电解电容器，选用长使用寿命的直流电抗器等核心元器件及其保护监测；支持嵌入式安装结构，满足散热器外挂；精准速度控制性能，满足高生产效率对速度控制要求；宽电压的电网适应性、EMC（电磁兼容性）性能指标和选配方案，能够满足纺织设备在一些恶劣电气环境下应用。

MD500 系列变频器的其他应用行业还有：线缆行业、暖通行业、印包行业、塑料挤出行业等。

练习与煅会

1. 通过网站等了解汇川各系列变频器的型号、性能及特点。
2. 官网下载InoDriverShop变频器后台软件，并练习使用。
3. 用MD500系列变频器驱动一台交流电动机，要求可以实现按钮的启动与停止控制，并可以通过设置参数来改变变频器的输出频率，试设计变频器的外部电路，并设置相关的参数。

▶ 任务5 认识伺服驱动器

任务布置

- 汇川伺服驱动器介绍。
- IS600P/IS620P 典型应用行业介绍。

目前主流的伺服驱动器均采用数字信号处理器（DSP）作为控制核心，可以实现比较复杂的控制算法，并可实现数字化、网络化和智能化。功率器件普遍采用以智能功率模块（IPM）为核心设计的驱动电路，IPM内部集成了驱动电路，同时具有过电压、过电流、过热、欠电压等故障检测保护电路，在主回路中还加入软启动电路，以减小启动过程对驱动器的冲击。

任务训练

1. 汇川伺服驱动器介绍

（1）IS500 系列伺服驱动器

IS500 系列伺服驱动器产品是汇川公司研制的高性能、中小功率的交流伺服驱动器。该系列产品最大功率为 7.5 kW，划分为 16 个等级；有五种外形尺寸规格；支持 Modbus、CANlink 和 CANopen 通信协议，采用 RS-232/RS-485/CAN 通信接口，配合上位机可实现多台伺服驱动器联网功能。IS500 系列伺服驱动器外形图如图 1-64 所示。

主要特点：

① 50 W ~ 132 kW 全容量覆盖。50 ~ 7 500 W 容量，采用 IS500 系列伺服驱动器配置 ISMH 伺服电动机系统；5.5 ~ 132 kW 容量，采用 IS550 系列伺服驱动器配置 ISMG 系列伺服电动机系统；7.5 ~ 55 kW 容量，采用 IS560 系列伺服驱动器配置 ISMG 系列伺服电动机系统。

项目 1 认识工控系统

35

②全系列无须外接变压器。1.5 kW 以下（包括）伺服系统标准配置 AC 220 V 输入电压，主回路单相/三相 AC 220 V 输入电压兼容，控制回路单相 AC 220 V 输入电压；1 000 W 以上（包括）伺服系统标准配置 AC 380 V 输入电压，主回路 AC 380 V 输入电压，控制回路 AC 380 V 输入电压。

③内置低压供电电源。提供内置三组脉冲指令用 DC+24 V 电源（容量分别为 200 mA），分别内接 2.4 kΩ 电阻器，上位机位置指令免串联电阻器，现场应用更加方便；另外内置一组 DC+5 V 电源（容量为 200 mA）以及一组 DC+24 V 电源（容量为 200 mA），可用于驱动输入光耦合器，也可外接光栅尺或第二编码器，实现全闭环控制。

图 1-64 IS500 系列伺服驱动器实物外形图

④参数自动辨识，惯量自动辨识。自动辨识后绝大部分参数设定值能够达到最优状态，大大缩短系统调整时间。

⑤参数免调。自主设计、生产的伺服电动机以及伺服驱动器，实现了电动机与驱动器间的最优配置，电动机参数免调；客户化的参数出厂值设置，实现了伺服系统"即插即用"。

⑥电压适应范围更广。全系列伺服系统主回路输入电压适应范围为 −15% ~ +10%，控制回路输入电压适应范围为 −15% ~ +10%。

⑦其他特点。方便的增益切换控制功能，提高响应特性；模拟量零点、增益自动校正，方便对应模拟量指令；自带动态制动功能，使断电时伺服电动机保持自锁状态，给机械结构带来最好的保护（IS500F 系列产品配置）；可以扩展 PLC 卡、光纤高速通信卡等，符合各种客户定制功能；独有的 CN3、CN4 多机并联端口，可以方便地实现多机并联；I/O 端口功能及触发方式（电平触发或边缘触发）可以任意设定，应用更加灵活，并可进行虚拟输入端子控制。

（2）IS600P 系列伺服驱动器

IS600P 系列伺服驱动器产品是汇川公司研制的高性能中小功率的交流伺服驱动器。该系列产品功率范围为 100 W ~ 7.5 kW，支持 Modbus 通信协议，采用 RS-232/RS-485 通信接口，配合上位机可实现多台伺服驱动器联网运行。提供了刚性表设置，惯量辨识及振动抑制功能，使伺服驱动器简单易用。配合包括小惯量、中惯量的 ISMH 系列 2 500 线增量式编码器的高响应伺服电动机，运行安静平稳。适用于半导体制造设备、贴片机、印制电路板打孔机、搬运机械、食品加工机械、机床、传送机械等自动化设备，实现快速精确的位置控制、速度控制、转矩控制。IS600P 系列伺服驱动器实物外形图如图 1-65 所示。

主要特点：

①响应频率 700 Hz，以 2 500 ppr（ppr 表示编码器每转 1 圈输出的脉冲数）的编码器分辨率实现 700 Hz 的速度环带宽，满足一般自动化设备需求，如图 1-66 所示。

②输入/输出脉冲 4Mpps，指令输入和反馈输出频率均可达到 4Mpps，包括全闭环在内，可以实现高分辨率运行，如图 1-67 所示。

图 1-65　IS600P 系列伺服驱动器实物外形图

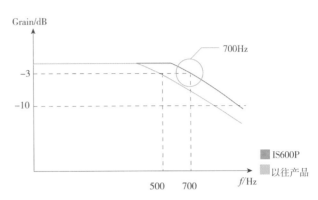

图 1-66　IS600P 响应频率

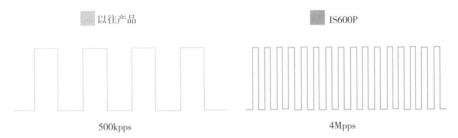

图 1-67　IS600P 输入/输出脉冲频率

③电动机极数和槽数的最佳组合可大幅减少通电转矩波动幅度及定位力矩，实现更加平稳流畅运行，如图 1-68 所示。

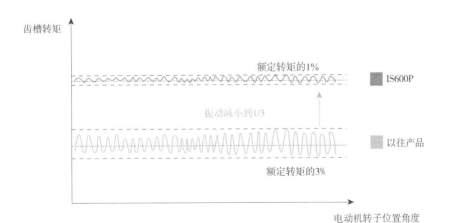

图 1-68　IS600P 低齿槽转矩

④最高过载能力 3 倍，ISMH1/H2/H4 电动机最高过载能力为 3 倍，ISMH3 电动机除 2.9 kW 以外的最高过载能力为 2.5 倍，2.9 kW 为 2 倍，如图 1-69 所示。

⑤具有自动/手动制振滤波器功能，制振滤波器可去除固有振动频率，大幅降低停止时轴的摆动，适用频率范围为 1 ~ 100 Hz，如图 1-70 所示。

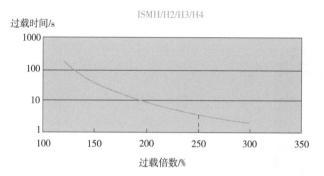

图 1-69　ISMH 电动机过载能力

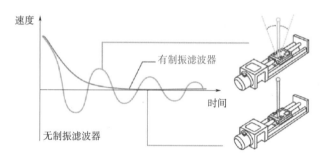

图 1-70　制振滤波器功能

（3）IS620P 系列伺服驱动器

IS620P 系列伺服驱动器产品是汇川公司研制的高性能中小功率的交流伺服驱动器。该系列产品功率范围为 100 W ～ 7.5 kW，支持 Modbus 通信协议，采用 RS-232/RS-485 通信接口，配合上位机可实现多台伺服驱动器联网运行。提供了刚性表设置，惯量辨识及振动抑制功能，使伺服驱动器简单易用。配合包括小惯量、中惯量的 ISMH 系列 20 位增量式编码器的高响应伺服电动机，运行安静平稳。适用于半导体制造设备、贴片机、印制电路板打孔机、搬运机械、食品加工机械、机床、传送机械等自动化设备，实现快速精确的位置控制、速度控制、转矩控制。IS620P 系列伺服驱动器实物外形图如图 1-71 所示。

主要特点：

①响应频率 1.2 kHz，基于转矩前馈的高响应控制，能降低响应延迟，位置整定时间最优可达 1 ms，如图 1-72 所示。

图 1-71　IS620P 系列伺服驱动器实物外形图

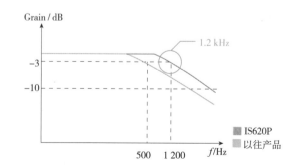

图 1-72　IS620P 响应频率

38

② 20 位增量式编码器,编码器每转 1 圈可输出 104 万个脉冲;动作平滑,停止时的振动降低,定位精度提升至 +1/1 048 576 个脉冲,电动机运行更加顺畅,如图 1-73 所示。

③ 模拟量指令分辨率 16 位,即 1/65 536,IS620P 系列伺服驱动器标配两个模拟量通道(AI1、AI2),其中 AI1 通道是普通的 12 位的解析度,AI2 可通过软件开关选择为 12 位或 16 位,可满足高精度模拟量指令及普通精度模拟量指令的需求(注:16 位高精度模拟量指令为非标功能,需要定制),如图 1-74 所示。

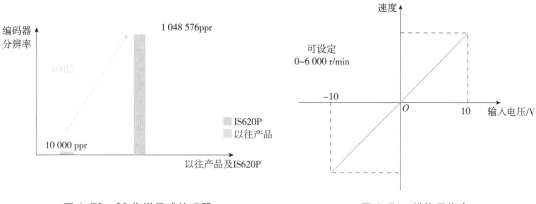

图 1-73　20 位增量式编码器　　　　　　　　图 1-74　模拟量指令

④ 具有自动/手动陷波滤波器功能。不仅可自动检测振动频率,还能自动设定陷波滤波器,可大幅度降低因装置的机械共振而产生的噪声和振动,实现快速响应动作;IS620P 有四个陷波滤波器,设定频率为 50 ~ 4 000 Hz,可进行深度调整,如图 1-75 所示。

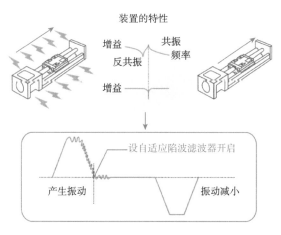

图 1-75　陷波滤波器功能

⑤ 可设定扰动转矩补偿增益和滤波时间(H0930 和 H0931);检测机械系统的加速度,估算系统受到的扰动转矩,在转矩指令上加以补偿;对突出的外部干扰(如重力负载)有效,可增强对指令的跟踪能力,可以在垂直轴上使用。

⑥ 可设定外部干扰抵抗系数(H0824),默认为 100%,PI 控制;设为非 100%,即为外部干扰抵抗控制,可用来增加对外力的抵抗能力以及改善速度响应波形。

⑦支持汇川公司 InoDriverShop 后台软件，通过此软件可以对 IS620P 进行参数配置、控制模式配置、I/O 端口配置、运控功能设置、增益调整等。InoDriverShop 软件主界面如图 1-76 所示，参数配置向导界面如图 1-77 所示，控制模式配置界面如图 1-78 所示，I/O 端口配置界面如图 1-79 所示，运控功能的中断定长配置界面如图 1-80 所示。

图 1-76 InoDriverShop 软件主界面

图 1-77 参数配置向导界面

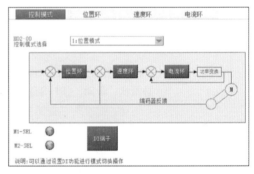

图 1-78 控制模式配置界面

⑧还具有制动能量处理功能、增益切换功能、摩擦转矩补偿功能、转矩限制切换功能、输入/输出信号分配功能等。

IS620P 系列伺服驱动器，单相 220 V 主电路配线图，如图 1-81 所示，

主电路配线注意事项：

①不能将输入电源线连到输出端 U、V、W，否则引起伺服驱动器损坏。

②将电缆捆束后于管道等处使用时，由于散热条件变差，请考虑容许电流降低率。

③周围环境温度较高时，请使用高温电缆，一般电缆的热老化会很快，短时间内就不能使用；周围环境温度较低时，请注意线缆的保暖，一般电缆在低温坏境下其表面容易硬化破裂。

图 1-79 I/O 端口配置界面

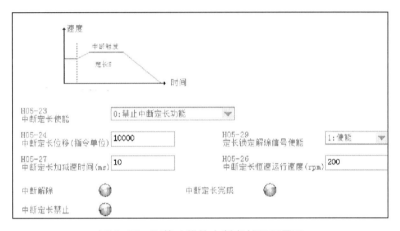

图 1-80 运控功能的中断定长配置界面

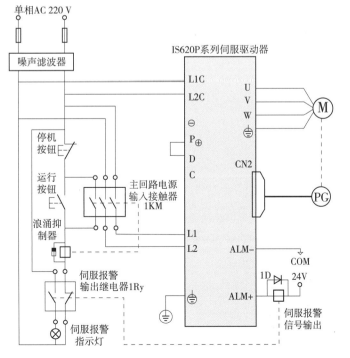

图 1-81 单相 220 V 主电路配线图

项目

1

认
识
工
控
系
统

④请确保电缆的弯曲半径在电缆本身外径的 10 倍以上，以防止长期折弯导致线缆内部线芯断裂。

⑤请勿将电源线和信号线从同一管道内穿过或捆扎在一起，为避免干扰，两者应距离 30 cm 以上。

⑥即使关闭电源，伺服驱动器内也可能残留有高电压。在 5 min 之内不要接触电源端子。

⑦请在确认 CHARGE 指示灯熄灭以后，再进行检查作业。

⑧请勿频繁地 ON/OFF 电源，在需要反复地连续 ON/OFF 电源时，请控制在 1 次 /min 以下。由于在伺服驱动器的电源部分带有电容器，在 ON 电源时，会流过较大的充电电流（充电时间 0.2 s）。频繁地 ON/OFF 电源，则会造成伺服驱动器内部的主电路元件性能下降。

⑨请使用与主电路电线截面积相同的地线，若主电路电线截面积为 1.6 mm² 以下，请使用 2.0 mm² 地线。

IS620P 控制信号端子的连接：位置控制模式标准配线连接如图 1-82 所示，速度控制模式标准配线连接如图 1-83 所示，转矩控制模式标准配线连接如图 1-84 所示。

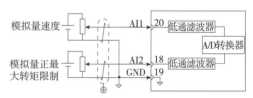

图 1-83　速度控制模式标准配线连接

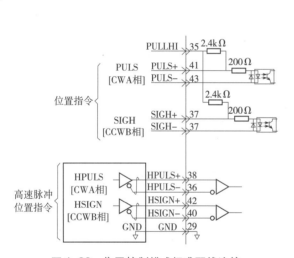

图 1-82　位置控制模式标准配线连接

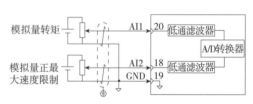

图 1-84　转矩控制模式标准配线连接

IS620P 伺服驱动器的面板显示与操作：IS620P 伺服驱动器的面板由显示器（5 位七段 LED 数码管）和按键组成，面板外观示意图如图 1-85 所示。可用于伺服驱动器的各类显示、参数设定、用户密码设置及一般功能的执行。以参数设定为例，IS620P 伺服驱动器面板按键常规功能如表 1-7 所示。

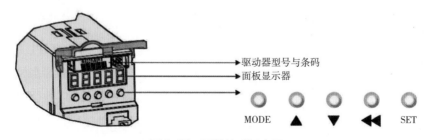

图 1-85　面板外观示意图

表 1-7　IS620P 伺服驱动器面板按键常规功能

名　称	常　规　功　能	名　称	常　规　功　能
MODE 键	各模式间切换； 返回上一级菜单	SHIFT 键	变更 LED 数码管闪烁位； 查看长度大于 5 位的数据的高位数值
UP 键	增大 LED 数码管闪烁位数值	SET 键	进入下一级菜单； 执行存储参数设定值等命令
DOWN 键	减小 LED 数码管闪烁位数值		

伺服驱动器运行时，显示器可用于伺服的状态显示、参数显示、故障显示和监控显示。

①状态显示：显示当前伺服驱动器所处状态，如伺服驱动器准备完毕、伺服驱动器正在运行等。

②参数显示：显示功能码及功能码设定值。

③故障显示：显示伺服驱动器发生的故障及警告。

④监控显示：显示伺服驱动器当前运行参数。

面板各类显示切换方法示意图如图 1-86 所示。

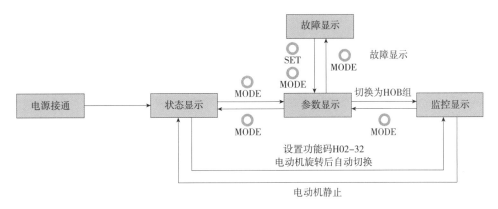

图 1-86　面板各类显示切换方法示意图

使用伺服驱动器的面板可进行参数设定，以接通电源后，将驱动器从位置控制模式变更到速度控制模式为例，操作步骤如图 1-87 所示。MODE 键可用于切换面板显示模式，以及返回上级界面；UP/DOWN 键可增加或减少当前闪烁位数值；SHIFT 键可变更当前闪烁位；SET键可存储当前设定值或进入下级界面。在参数设定完成显示，即 Done 界面下，可通过 MODE键返回参数组别显示（H02-00 界面）。

2. IS600P/IS620P系列伺服驱动器主要应用行业

（1）轴承行业

IS600P/IS620P 系列伺服驱动器在轴承行业中主要应用于轴承设备下料机等，如图 1-88所示。

IS600P/IS620P 系列伺服驱动器具有以下多项优势：中断定长功能，是指当电动机在位置模式下正在运行或停止状态，在使能的情况下，触发中断有效时，电动机将按先前的速度方向继续运行设定的长度，该功能为汇川公司 IS600 系列伺服独有的功能，其他竞争对手的标准产品都没有此功能；Z 系列电动机后轴承特别加大，完全可以适应轴承切管行业强振动的需求；电动机最新升级的加插件连接可靠，以及匹配的树脂码盘编码器更能适应轴承切管强振动场合。

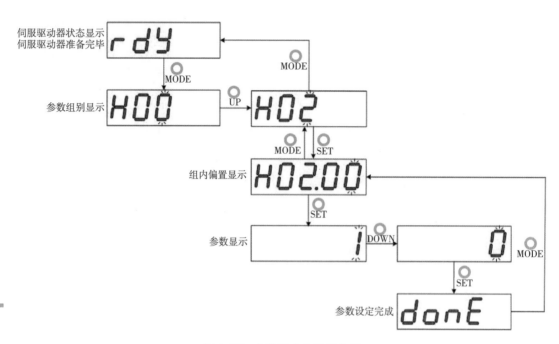

图 1-87　参数设定步骤示意图

（2）线缆行业

IS600P/IS620P 系列伺服驱动器在线缆行业中应用于剥线机设备，具有以下多项优势：送线部分使用全闭环控制（标准机型就有此功能）；20 位编码器帮助提高送线精度；IS620P 系列伺服驱动器的高刚性帮助达成高频度的送线，如图 1-89 所示。

图 1-88　IS600P/IS620P 系列伺服驱动器在轴承行业的应用

图 1-89　IS600P/IS620P 系列伺服驱动器在线缆行业的应用

（3）雕铣机行业

IS600P/IS620P 系列伺服驱动器在雕铣机行业中应用于雕铣机设备，具有以下多项优势：一般采用中惯量电动机，保证低速速度波动小；优化过的低定位力矩的电动机保证低速速度波动，以提高低速爬行精度；IS620P 系列伺服驱动器的高刚性以及陷波滤波器、转矩观测器等合理应用，可提高插补轨迹的准确度；电动机具有 ISP67 的防护等级，能够适应机床行业液体喷洒的环境；提供 380 V 伺服，为客户省去变压器，降低成本。

IS600P/IS620P 系列伺服驱动器的其他应用行业或设备有：机械手（注塑机）行业，电子非标设备、锁螺钉机、LED 设备、车床、车铣复合机床、磨床等，如图 1-90 所示。

图 1-90　IS600P/IS620P 在雕铣机行业的应用

练习与提高

1. 通过网站等了解汇川各系列伺服驱动器的型号、性能及特点。
2. 官网下载InoDriverShop驱动器后台软件，并练习使用。
3. 绘制IS620P系列伺服驱动器的单相220 V主电路配线图。

任务6　认识编码器

 任务布置

　　汇川编码器介绍。

　　编码器（encoder）是将信号（如比特流）或数据进行编制、转换为可用以通信、传输和存储的信号形式的设备。编码器把角位移或直线位移转换成电信号，前者称为码盘，后者称为码尺。按照读出方式的不同，编码器可以分为接触式和非接触式两种；按照工作原理的不同，编码器可分为增量式和绝对式两类。增量式编码器是将位移转换成周期性的电信号，再把这个电信号转换成计数脉冲，用脉冲的个数表示位移的大小；绝对式编码器的每一个位置对应一个确定的数字码，因此它的示值只与测量的起始和终止位置有关，而与测量的中间过程无关。

汇川编码器产品种类多样，性能优良，实物外形图如图1-91所示。主要包括小型光电编码器、正余弦编码器、空心轴编码器及防爆编码器。

图1-91 汇川编码器实物外形图

（1）EI38H系列增量式编码器

EI38H系列增量式编码器实物外形图如图1-92所示。主要性能：电源电压DC 5×(1±5%) V/DC 10～30 V，消耗电流≤100 mA（无负载），分辨率200～2 500 ppr，响应频率≤100 kHz，机械转速≤6 000 r/min，防护等级IP40，应用于多种自动化设备。

（2）EI38S6系列增量式编码器

EI38S6系列增量式编码器实物外形图如图1-93所示，主要性能：电源电压DC 5×(1±5%) V/DC 10～30 V，消耗电流≤100 mA（无负载），分辨率200～2 500 ppr，

图1-92 EI38H系列增量式编码器实物外形图

响应频率≤100 kHz，机械转速≤6 000r/min，防护等级IP54，应用于多种自动化设备。

（3）EI118H系列重载增量式编码器

EI118H系列重载增量式编码器实物外形图如图1-94所示，主要性能：电源电压DC 5×(1±5%) V/DC 10～30 V，消耗电流≤200 mA（无负载），分辨率50～8 192 ppr，响应频率≤200 kHz，机械转速≤5 000r/min，防护等级IP54，应用于冶金、起重等重载领域。

图1-93 EI38S6系列增量式编码器实物外形图

图1-94 EI118H系列重载增量式编码器实物外形图

1.通过网站等了解编码器各主要性能指标的具体含义。

2.查阅相关资料，了解重载增量式编码器的工作特点及应用行业。

 任务7　认识现场总线与通信协议

任务布置

● 现场总线介绍。

● CANlink、Modbus 协议介绍。

　　现场总线是指安装在制造或过程区域的现场装置与控制室内的自动装置之间的数字式、串行、多点通信的数据总线。它是一种工业数据总线，是自动化领域中底层数据通信网络。

　　通信协议又称通信规程，是指通信双方对数据传送控制的一种约定。约定中包括对数据格式、同步方式、传输速率、传输步骤、检纠错方式，以及控制字符定义等问题做出统一规定，通信双方必须共同遵守，它又称链路控制规程。

任务训练

1.现场总线介绍

　　现场总线就是以数字通信替代了传统 4 ~ 20 mA 模拟信号及普通开关量信号的传输，是连接智能现场设备和自动化系统的全数字、双向、多站的通信系统。主要解决工业现场的智能化仪器仪表、控制器、执行机构等现场设备间的数字通信以及这些现场控制设备和高级控制系统之间的信息传递问题。

　　现场总线的产生对工业的发展起着非常重要的作用，对国民经济的增长有着非常重要的影响。现场总线主要应用于石油、化工、电力、医药、冶金、加工制造、交通运输、国防、航天、农业和楼宇等领域。

　　主流现场总线：

　　（1）基金会现场总线（Foundation Fieldbus，FF）

　　这是以美国 Fisher-Rosemount 公司为首的联合了横河、ABB、西门子、英维斯等 80 家公司制订的 ISP 协议和以 Honeywell 公司为首的联合欧洲等地 150 余家公司制订的 WorldFIP

协议于 1994 年 9 月合并的。该总线在过程自动化领域得到了广泛的应用,具有良好的发展前景。

基金会现场总线采用国际标准化组织 ISO 的开放化系统互联 OSI 的简化模型 (1, 2, 7 层),即物理层、数据链路层、应用层,另外增加了用户层。基金会现场总线分低速 H1 和高速 H2 两种通信速率,前者传输速率为 31.25 kbit/s,通信距离可达 1 900 m,可支持总线供电和本质安全防爆环境;后者传输速率为 1 Mbit/s 和 2.5 Mbit/s,通信距离为 750 m 和 500 m,支持双绞线、光缆和无线发射,协议符合 IEC 1158-2 标准。基金会现场总线的物理媒介的传输信号采用曼彻斯特编码。

(2) CAN (Controller Area Network,控制器局域网)

最早由德国 BOSCH 公司推出,它广泛用于离散控制领域,其总线规范已被 ISO 国际标准组织制定为国际标准,得到了 Intel、Motorola、NEC 等公司的支持。CAN 协议分为两层:物理层和数据链路层。CAN 的信号传输采用短帧结构,传输时间短,具有自动关闭功能,具有较强的抗干扰能力。CAN 支持多主工作方式,并采用了非破坏性总线仲裁技术,通过设置优先级来避免冲突,通信距离最远可达 10 km(在通信速率为 5 kbit/s 的情况下),网络结点数实际可达 110 个。已有多家公司开发了符合 CAN 协议的通信芯片。

(3) Lonworks

它由美国 Echelon 公司推出,并由 Motorola、Toshiba 公司共同倡导。它采用 ISO/OSI 模型的全部七层通信协议,采用面向对象的设计方法,通过网络变量把网络通信设计简化为参数设置。支持双绞线、同轴电缆、光缆和红外线等多种通信介质,通信速率从 300 bit/s ~ 1.5 Mbit/s 不等,直接通信距离可达 2 700 m(78 kbit/s),被誉为通用控制网络。Lonworks 技术采用的 LonTalk 协议被封装到 Neuron(神经元)的芯片中,并得以实现。采用 Lonworks 技术和神经元芯片的产品,被广泛应用在楼宇自动化、家庭自动化、保安系统、办公设备、交通运输、工业过程控制等行业。

(4) DeviceNet

DeviceNet 是一种低成本的通信连接,也是一种简单的网络解决方案,有着开放的网络标准。DeviceNet 具有的直接互联性不仅改善了设备间的通信,而且提供了相当重要的设备级阵地功能。DeviceNet 基于 CAN 技术,传输速率为 125 ~ 500 kbit/s,每个网络的最大结点为 64 个,其通信模式为:生产者/客户(Producer/Consumer),采用多信道广播信息发送方式。位于 DeviceNet 网络上的设备可以自由连接或断开,不影响网络上的其他设备,而且其设备的安装布线成本也较低。DeviceNet 总线的组织结构是 Open DeviceNet Vendor Association(开放式设备网络供应商协会,简称 ODVA)。

(5) PROFIBUS

PROFIBUS 是德国标准(DIN19245)和欧洲标准(EN50170)的现场总线标准。由 PROFIBUS-DP、PROFIBUS-FMS、PROFIBUS-PA 系列组成。PROFIBUS-DP 用于分散外设间高速数据传输,适用于加工自动化领域;PROFIBUS-FMS 适用于纺织、楼宇自动化、可编程控制器、低压开关等;PROFIBUS-PA 用于过程自动化的总线类型,服从 IEC 1158-2 标准。PROFIBUS 支持主/从系统、纯主站系统、多主多从混合系统等几种传输方式。PROFIBUS 的传输速率为 9.6 kbit/s ~ 12 Mbit/s,最大传输距离在 9.6 kbit/s 下为 1 200 m,在 12 Mbit/s 下为 200 m,可采用中继器延长至 10 km,传输介质为双绞线或者光缆,

最多可挂接 127 个站点。

(6) HART

HART 是 Highway Addressable Remote Transducer 的缩写，最早由 Rosemount 公司开发。其特点是，在现有模拟信号传输线上实现数字信号通信，属于模拟系统向数字系统转变的过渡产品。其通信模型采用物理层、数据链路层和应用层三层，支持点对点主从应答方式和多点广播方式。由于它采用模拟与数字信号混合，难以开发通用的通信接口芯片。HART 能利用总线供电，可满足本质安全防爆的要求，并可用于由手持编程器与管理系统主机作为主设备的双主设备系统。

(7) CC-Link

CC-Link 是 Control&Communication Link（控制与通信链路系统）的缩写，在 1996 年 11 月，由三菱电机为主导的多家公司推出，其增长势头迅猛，在亚洲占有较大份额。在其系统中，可以将控制和信息数据同时以 10 Mbit/s 高速传送至现场网络，具有性能卓越、使用简单、应用广泛、节省成本等优点。其不仅解决了工业现场配线复杂的问题，同时具有优异的抗噪性能和兼容性。CC-Link 是一个以设备层为主的网络，同时也可覆盖较高层次的控制层和较低层次的传感层。2005 年 7 月 CC-Link 被中国国家标准委员会批准为中国国家标准指导性技术文件。

(8) WorldFIP

WorldFIP 的北美部分与 ISP 合并为 FF 以后，WorldFIP 的欧洲部分仍保持独立，总部设在法国。其在欧洲市场占有重要地位，特别是在法国占有率约为 60%。WorldFIP 的特点是具有单一的总线结构来适应不同的应用领域的需求，而且没有任何网关或网桥，用软件的办法来解决高速和低速的衔接。WorldFIP 与 FF 的 HSE 可以实现"透明连接"，并对 FF 的 H1 进行技术拓展，如速率等。在与 IEC 61158 第一类型的连接方面，WorldFIP 做得最好，走在世界前列。

(9) INTERBUS

INTERBUS 是德国 Phoenix 公司推出的较早的现场总线，2000 年 2 月成为国际标准 IEC 61158。INTERBUS 采用国际标准化组织 ISO 的开放化系统互联 OSI 的简化模型（1，2，7 层），即物理层、数据链路层、应用层，具有强大的可靠性、可诊断性和易维护性。其采用集总帧型的数据环通信，具有低速度、高效率的特点，并严格保证了数据传输的同步性和周期性；该总线的实时性、抗干扰性和可维护性也非常出色。INTERBUS 广泛地应用到汽车、烟草、仓储、造纸、包装、食品等行业，成为国际现场总线的领先者。

2.CANlink、Modbus协议介绍

（1）CANlink 协议

CANlink 协议是汇川公司基于 CAN2.0 总线协议制订的 CAN 实时总线应用层协议。主要用于汇川 PLC、变频器、伺服驱动器和远程扩展模块等产品之间进行高速、实时数据交互。

CANlink3.0 采用主/从模式，在一个网络中必须具备并只有 1 个主站，从站数量为 1 ~ 62 个，所有主/从站号范围为 1 ~ 63，且站号必须唯一。

① CANlink3.0 特点：

a. 支持心跳监控主 / 从站运行状态。

b. 支持总线占有率预警和实时总线占有率监控。

项目

1

认识工控系统

c. 支持掉线重连功能。

d. 支持热接入方式。

e. 主站支持发送配置（包括时间触发、事件触发、同步触发），发送数据共 256 条。

f. 单个从站支持发送配置（包括时间触发、事件触发、同步触发）发送数据共 16 条，从站总计最多支持 256 条配置。

g. 每个站点支持接收其他 8 个站点发送的点对多数据。

h. 支持主/从式数据交互和从/从式数据交互。

i. 主站支持同步写，最多 128 条。

j. 兼容 CANlink2.0,支持 CANlink3.0 的产品也可以使用 FROM/TO 指令进行数据交换，但不允许同一个网络中同时使用 CANlink3.0 配置和 FROM/TO 指令。

② CANlink3.0 网络组成与通信距离。1 个 CANlink3.0 网络由应用软件 AutoShop、1 个主站，以及若干从站组成，最多支持的从站数目为 62 个（与波特率有关，参见下文"通信距离"）。CANlink3.0 组网示意图如图 1–95 所示。

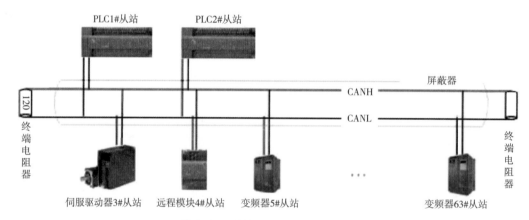

图 1–95　CANlink3.0 组网示意图

CANlink3.0 通信距离如表 1–8 所示。

表 1–8　CANlink3.0 通信距离

波特率 /（kbit/s）	最大通信距离 /m	通信电缆线径 /mm²	可接入站点数 / 个
1 000	20	≥ 0.3	18
500	80	≥ 0.3	32
250	150	≥ 0.3	63
125	300	≥ 0.5	63
100	500	≥ 0.5	63
50	1 000	≥ 0.7	63

以上数据是在使用标准屏蔽双绞线前提下，可接入站点数是当前波特率下网络中允许的最大结点数（主站和从站总数）。

（2）Modbus 协议

Modbus 协议是由 Modicon（现为施耐德电气公司的一个品牌）在 1979 年发明的，是全球第一个真正用于工业现场的总线协议。Modbus 网络只有 1 个主机，所有通信都由它发出。网络可支持 247 个之多的远程从属控制器，但实际所支持的从机数要由所用通信设备决定。采用这个协议，各 PC 可以和中心主机交换信息而不影响各 PC 执行本身的控制任务。

Modbus 协议是应用于电子控制器上的一种通用语言。通过此协议，控制器相互之间，控制器经由网络（如以太网）和其他设备之间可以通信。它已经成为一种通用工业标准。有了它，不同厂商生产的控制设备可以连成工业网络，进行集中监控。此协议定义了一个控制器能认识、使用的消息结构，而不管它们是经过何种网络进行通信的。它描述了一个控制器请求访问其他设备的过程，如何回应来自其他设备的请求，以及怎样侦测错误并记录。它制订了消息域格局和内容的公共格式。

许多工业设备，包括 PLC，DCS（分布式控制系统），智能仪表等都在使用 Modbus 协议作为它们之间的通信标准。

Modbus 协议具有以下几个特点：

①标准、开放，用户可以免费、放心地使用 Modbus 协议，不需要交纳许可费用，也不会侵犯知识产权。目前，支持 Modbus 协议的厂家超过 400 家，支持 Modbus 协议的产品超过 600 种。

② Modbus 协议可以支持多种电气接口，如 RS-232、RS-485 等，还可以在各种介质上传输，如双绞线、光纤、无线等。

③ Modbus 协议的帧格式简单、紧凑、通俗易懂。用户使用容易，厂商开发简单。

练习与思考

1.通过网站等了解几种主流现场总线的应用行业及各自特点。

2.简述 CANlink3.0 通信协议的特点。

3.简述 Modbus 通信协议的应用行业及主要特点。

知识、技术归纳

本项目主要是认识工控系统，首先介绍了工控系统的元器件组成，并分别对这些主要元器件进行了介绍，而后对汇川的工控产品进行了详细介绍，包括可编程控制器、触摸屏、变频器、伺服驱动器、编码器等，最后对现场总线及 CANlink3.0 和 Modbus 通信协议进行了介绍。读者通过本项目的学习，对汇川主要工控产品的类型、特点及应用有了基本的认识，这为后续项目的继续学习打下了基础。

项目 1 认识工控系统

51

工控系统安装与调试

项目②

可编程控制器和触摸屏
典型应用技术

可编程控制器（PLC）是工业自动化控制的重要核心，而触摸屏是人机交流的主要工具，通过两者的结合，可以方便地对工业自动化设备进行操作和监控，实现工业自动化设备的管控一体化。本项目主要介绍汇川 PLC 和触摸屏在工业控制中的典型应用。

▶ 任务1　触摸屏和PLC编程口监控协议通信

 任务布置

一台汇川触摸屏连接一台汇川 PLC 控制一台电动机的正转、反转运行。

任务训练

1. 系统设计

（1）系统组成

系统由汇川 IT5070T 触摸屏，汇川 H2U-1616MR-XP PLC，交流接触器 KM1、KM2，PLC 数据通信线，24 V 开关电源组成，触摸屏和 PLC 编程口监控协议通信系统结构图如图 2-1 所示。

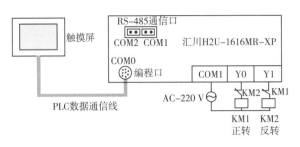

图 2-1 触摸屏和 PLC 编程口监控协议通信系统结构图

（2）触摸屏组态效果

组态界面（见图 2-2）设置正转、反转、停止三个按钮。单击正转按钮，电动机正转运行，正转指示灯亮；单击反转按钮，电动机反转运行，反转指示灯亮；单击停止按钮，电动机停止，指示灯均熄灭。

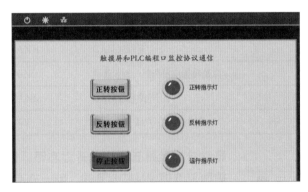

图 2-2 触摸屏组态效果图

（3）变量对应关系

触摸屏和 PLC 数据对应关系如表 2-1 所示。

表 2-1 触摸屏和 PLC 数据对应关系

触摸屏	正转 按钮	正转 指示灯	反转 按钮	反转 指示灯	停止 按钮	运行 指示灯
PLC	M0	Y0	M1	Y1	M2	M10

2.触摸屏组态设计

（1）使用 InoTouch Editor 软件新建工程

工程名中输入：触摸屏和 PLC 编程口监控协议通信，如图 2-3 所示。"设备型号"选择 H2U，"连接端口"选择 COM1，如图 2-4 所示。

（2）输入文字

单击"静态文字"按钮 ，在初始页面中单击，出现 Text；双击 Text，弹出"静态文字属性"对话框，在"内容"文本框中输入：项目 2 任务 1 触摸屏和 PLC 编程口监控协议通信，如图 2-5 所示。输入完成后，单击"确定"按钮退出，正转开关、反转开关，正转、反转指示灯参照设置。

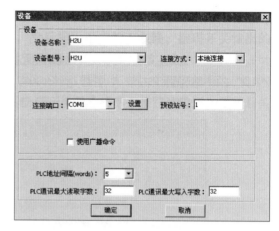

图 2-3　新建工程样例　　　　　　　　　图 2-4　设备连接

图 2-5　静态文字属性设置

（3）按钮设置

单击"位状态切换开关"按钮 ，在初始页面中单击，出现一个"位状态切换开关"；双击"位状态切换开关"，弹出图 2-6 所示的对话框，单击读取地址和写入地址的"设置"按钮，将读取和写入的"地址类型"选择 M，"地址"为 0，"开关类型"选择复归型，如图 2-6、图 2-7 所示。图形属性选项卡中，单击"图库"按钮，选择"Button 01"选项，再选择绿色按钮，如图 2-8、图 2-9 所示。反转按钮参照设置，"地址类型"还是 M，"地址"为 1，选择黄色按钮；停止按钮参照设置，"地址类型"还是 M，"地址"为 2，选择红色按钮。

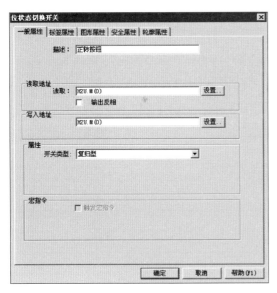

图 2-6 "位状态切换开关"对话框
"一般属性"选项

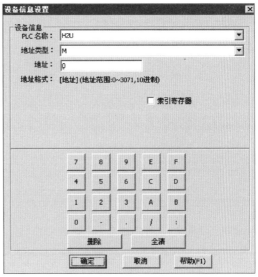

图 2-7 "设备信息设置"对话框

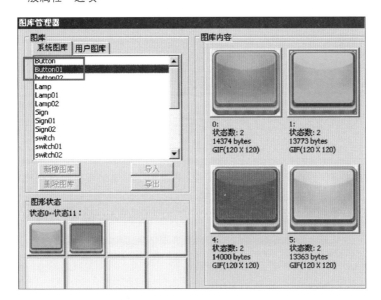

图 2-8 "图库管理器"对话框

（4）指示灯设置

单击"位状态指示灯"按钮 ，双击指示灯，弹出"位状态指示灯"对话框，单击"设置"
按钮，把"地址类型"改为 Y，"地址"设为 0，如图 2-10、图 2-11 所示。反转指示灯参照设置，
"地址类型"改为 Y，"地址"设为 1；运行指示灯参照设置，"地址类型"改为 M，"地址"设
为 10。

组态界面编写完成后，单击"工具"菜单，选择"编译"命令，或者直接按【F5】键，或者
单击"编译"按钮。编译成功后，单击"关闭"按钮，如图 2-12 所示。单击"下载工程"按钮，
或者直接按【F7】键，如图 2-13 所示。

图 2-9 图形属性状态 0 设置

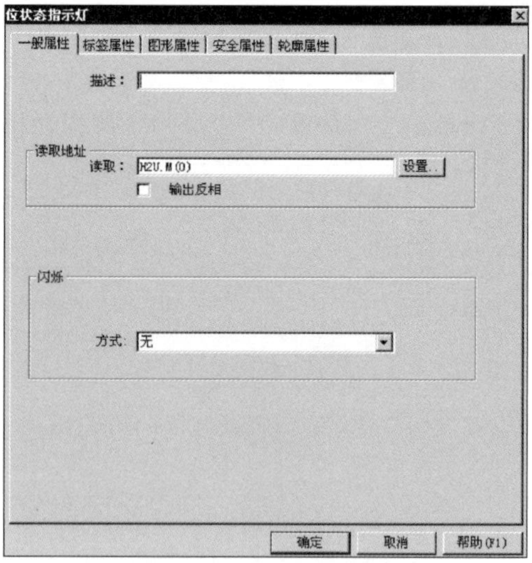

图 2-10 位状态指示灯地址选择

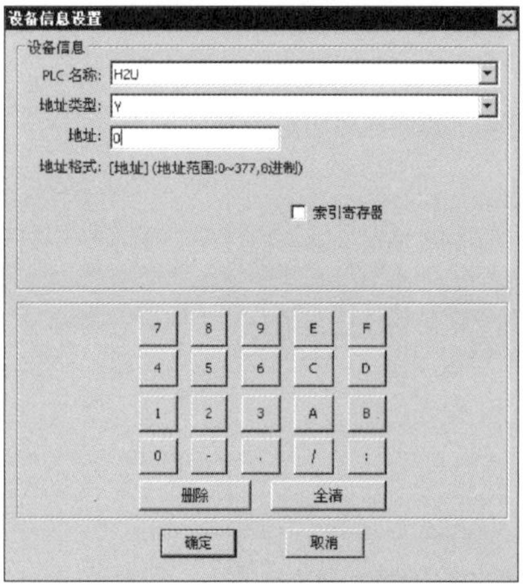

图 2-11 指示灯地址设置

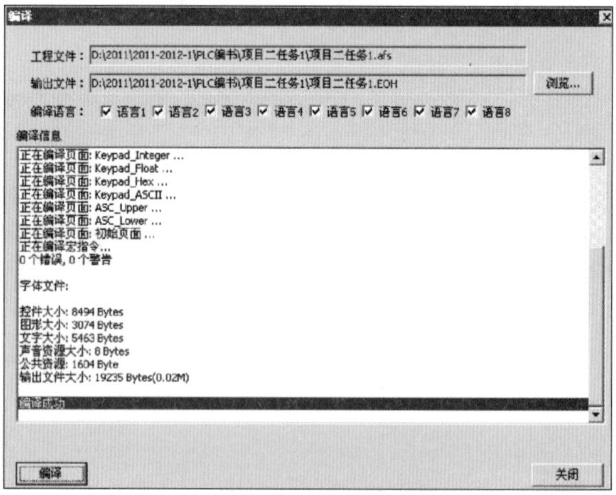

图 2-12 "编译"对话框

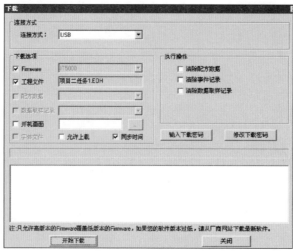

图 2-13 "下载"对话框

3. PLC编程

按照控制要求设计 PLC 程序，PLC 参考程序如图 2-14 所示。

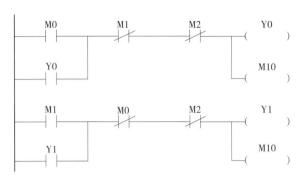

图 2-14　PLC 参考程序

4. 运行调试与任务评价

（1）运行调试

调试时，按照操作步骤依次单击正转按钮、反转按钮各两次，观察各个按钮和指示灯的颜色变化，以及 PLC 输出点的亮灭情况，把运行结果填入功能测试表 2-2 中。

表 2-2　功能测试表

观察项目 / 结果 / 操作步骤	触摸屏						PLC	
	正转按钮颜色	正转指示灯颜色	反转按钮颜色	反转指示灯颜色	反转按钮颜色	运转指示灯颜色	Y0亮灭	Y1亮灭
单击正转按钮								
单击停止按钮								
单击反转按钮								
单击停止按钮								

（2）任务评价

任务完成后，填写评价表 2-3。

表 2-3　评 价 表

_____ 学年		工作形式 □个人　□小组分工　□小组		工作时间 45min	
任务	训 练 内 容	训 练 要 求		学生自评	教师评分
触摸屏和 PLC 编程口监控协议通信	设计硬件系统（35 分）	硬件系统设计、安装，35 分			
	建立工程（45 分）	选择 HMI 型号以及屏幕类型，5 分； 通信参数设置，10 分； 组态界面设计，30 分			
	下载工程（20 分）	连线下载，5 分； 运行调试，15 分			

学生 _____　教师 _____　日期 _____

项目 **2** 可编程控制器和触摸屏典型应用技术

1.若汇川PLC与触摸屏的COM1通信，该如何制作数据通信线？如何设置通信参数？

2.若汇川PLC与触摸屏的COM3通信，分别采用RS-422、RS-232和RS-485三种通信模式，自制三种不同的数据通信线，并思考触摸屏监控协议以及标准MODBUS协议等不同协议的参数设置方法，实现通信连接。

3.任务设置完成后，若不能通信，从何处可以看出？如何检查和修改？

4.掌握汇川触摸屏的COM1接口与三菱FX系列PLC、台达PLC的连接，并能下载调试。

5.设计一个电动机顺序启动控制系统，要求按下"启动按钮1"后第一台电动机启动运行，一段时间后按下"启动按钮2"，第二台电动机运行，按下"停止按钮1"后，第二台电动机先停止，按下"停止按钮2"后，第一台电动机停止运行。要求所有按钮在触摸屏上实现，试设计电路并实施。

6.建立一个工程，要求能实现电动机的正反转延时控制，按下启动按钮后，电动机正转运行，延时5 s后，电动机停止；再过8 s后，电动机开始反转运行，按下停止按钮，电动机停止。试设计电路并在触摸屏和PLC上实现。

任务2　触摸屏和PLC的RS-485串口Modbus协议通信

任务布置

一台汇川触摸屏和一台汇川PLC采用Modbus协议，通过RS-485串口通信连接。一起控制一台电动机的正转、反转运行。

任务训练

1.系统设计

（1）系统组成

系统由汇川IT5070T触摸屏，汇川H2U-1616MR-XP PLC，交流接触器KM1、KM2，RS-485数据通信线（带屏蔽的双绞线），PLC数据通信线，24 V开关电源组成。触摸屏和PLC的RS-485串口Modbus协议通信控制系统结构图如图2-15所示。

汇川触摸屏为Modbus主站，H2U-1616MR-XP PLC为Modbus从站。触摸屏和PLC的RS-485数据通信线连接示意图如图2-16所示。

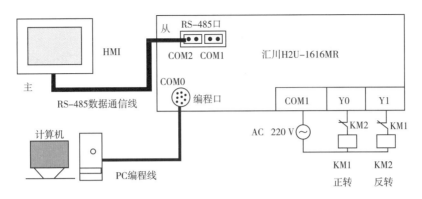

图 2-15　触摸屏和 PLC 的 RS-485 串口 Modbus 通信控制系统结构图

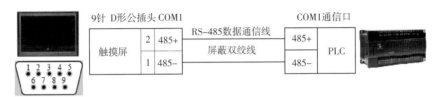

图 2-16　触摸屏和 PLC 的 RS-485 数据通信线连接示意图

（2）触摸屏组态效果

触摸屏组态效果图如图 2-17 所示。

图 2-17　触摸屏组态效果图

（3）变量对应关系

触摸屏和 PLC 数据对应关系如表 2-4 所示。

表 2-4　触摸屏和 PLC 数据对应关系

触摸屏	正转按钮	反转按钮	停止按钮	正转指示灯	反转指示灯	运行指示灯
PLC	D0=1	D0=2	D0=3	Y0	Y1	M10

触摸屏通过 Modbus 通信，改变 PLC 数据寄存器 D0 的值，当 D0=1，输出 Y0，断开 Y1；当 D0=2 时，输出 Y1，断开 Y0；D0=3 时，断开 Y0 和 Y1。

2. 触摸屏组态设计

（1）使用 InoTouch Editor 软件新建工程

新建工程：触摸屏和 PLC 的 RS-485 串口 Modbus 协议通信；"设备型号"选择 Modbus_RTU，如图 2-18、图 2-19 所示。

图 2-18 "新建工程"对话框

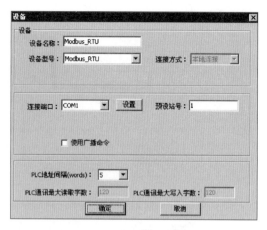

图 2-19 "设备"对话框

（2）通信设置

单击"设置"按钮，进行通信设置，"通信模式"选择 RS-485_2w，"波特率"选择 9 600，"数据位"选择 8 bits，"检验"选择 None，"停止位"选择 2 bits，如图 2-20 所示，单击"确定"按钮退出。

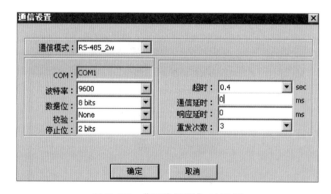

图 2-20 "通信设置"对话框

（3）静态文字设置

单击"静态文字"按钮 𝔸，在初始页面中单击，出现 Text；双击 Text，在"内容"文本框中输入：项目 2 任务 2 触摸屏和 PLC 的 RS-485 串口 Modbus 协议通信，如图 2-21 所示，输入完成后，单击"确定"按钮退出。正转、反转指示灯参照设置。

（4）按钮设置

单击"多状态设置"按钮 ，在初始页面中单击，出现"多状态设置按钮"，双击该按钮，弹出图 2-22 所示的对话框，切换到"一般属性"选项卡，"写入地址"设置为 Modbus_RTU.dev_6x(0)，"设置常数"为 1，切换到"标签属性"选项卡，"内容"文本框中输入：正转按钮，如图 2-23 所示。反转按钮、停止按钮参照设置，"写入地址"设置为 Modbus_RTU.dev_6x(0)，"设置常数"分别为 2 和 3。

注：Modbus 读或写操作的表示方式为 0x1 = 读线圈操作；0x03 = 读寄存器操作；0x05 = 改写线圈操作；0x06 = 改写寄存器操作。对于变频器而言，只支持 0x03 读、0x06 写的操作。

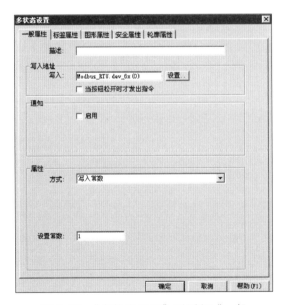

图 2-21 "静态文字属性"对话框

图 2-22 "多状态设置"对话框"一般
属性"选项

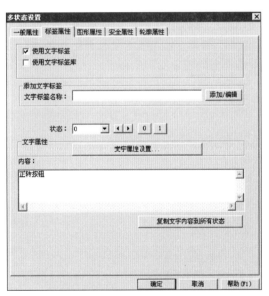

图 2-23 "多状态设置"对话框"标签
属性"选项

（5）指示灯设置

单击"位状态指示灯"按钮 ，在初始页面中单击，出现"位状态指示灯"，双击该指示灯，弹出"位状态指示灯"对话框，单击"设置"按钮把"读取"地址改为 Modbus_RTU. dev_0x(0)，如图 2-24 所示。"地址"为 0，如图 2-25 所示。

图 2-24　指示灯一般属性　　　　　　　　　　图 2-25　指示灯地址属性

反转指示灯参照设置，把"读取地址"改为 Modbus_RTU.dev_0x(1)，"地址"设为 1。

3. PLC编程

设计从站 PLC 程序：先设置 PLC 从站通信参数，如图 2-26 所示。再将 D0 里面的数据清空，当按下触摸屏正转按钮时，通过 Modbus 通信改变 PLC 数据寄存器 D0 的值，当 D0=1，输出 Y0，断开 Y1；当 D0=2 时，输出 Y1，断开 Y0；D0=3 时，断开 Y0 和 Y1。参考程序如图 2-27 所示。

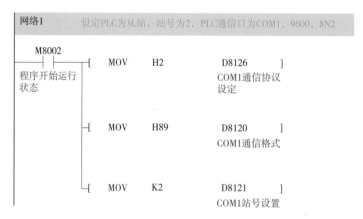

图 2-26　PLC 从站通信参数设置

4. 运行调试与任务评价

（1）运行调试

调试时，按照操作步骤依次单击正转按钮、停止按钮、反转按钮、停止按钮，观察各个指示灯的颜色变化，以及 PLC 输出点 Y0、Y1 的亮灭情况，并把运行结果填入表 2-5 中。

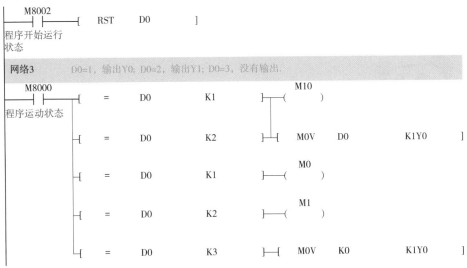

图 2-27 PLC 程序样例

表 2-5 功能测试表

操作步骤 \ 观察项目（结果）	触摸屏			PLC	
	正转指示灯颜色	反转指示灯颜色	运行指示灯	Y0 亮灭	Y1 亮灭
按下正转按钮					
按下停止按钮					
按下反转按钮					
按下停止按钮					

（2）任务评价

任务完成后，填写评价表 2-6。

表 2-6 评 价 表

				工作时间 45min	
_____学年		工作形式 □个人 □小组分工 □小组			
任务	训 练 内 容	训 练 要 求		学生自评	教师评分
触摸屏和 PLC 的 RS-485 串口 Modbus 协议通信	设计硬件系统（35 分）	硬件系统设计、安装，35 分			
	建立工程（50 分）	选择触摸屏型号以及屏幕类型，10 分；通信参数设置，10 分；组态界面设计，30 分			
	下载工程（15 分）	USB 下载，5 分；运行调试，10 分			

学生 _____ 教师 _____ 日期 _____

项目 2 可编程控制器和触摸屏典型应用技术

练习与提高

1. 如果本任务需要使用汇川触摸屏的COM3和汇川PLC进行Modbus通信，COM3的6引脚为"-"，9引脚为"+"，试完成COM3通信的硬件接线、参数设置和运行调试。
2. 掌握汇川触摸屏的RS-485接口与汇川或其他品牌（如台达）PLC连接，并能下载调试。
3. 尝试一下，把本任务中PLC数据寄存器D0的当前值显示到触摸屏上。

4. 设计一个触摸屏通过RS-485接口控制PLC，让电动机实现顺序启动，要求按下"启动按钮1"后第一台电动机启动运行，一段时间后按下"启动按钮2"，第二台电动机运行，按下"停止按钮1"后，第二台电动机先停止运行，按下"停止按钮2"后，第一台电动机停止运行。要求所有按钮在触摸屏上实现，试设计电路并实施。
5. 建立一个工程，要求触摸屏通过RS-485接口控制PLC，实现电动机的延时丫-△启动，试设计电路并在触摸屏和PLC上实现。

▶ 任务3 三台PLC的CAN现场总线通信+触摸屏监控

📡 任务布置

三台汇川PLC通过CANlink网络连接，采用汇川CAN协议通信，并由一台触摸屏监控，每台PLC各控制一台电动机，实现按下触摸屏上的启动按钮后，PLC主站的电动机运行，延时设定时间后，PLC1#从站的电动机、PLC2#从站的电动机一起运行。按下停止按钮，电动机全部停止。

✏ 任务训练

1. 系统设计

（1）系统组成

系统由汇川IT5070T触摸屏、三台汇川H2U-1616MR-XP PLC、CAN-LINK模块、CANlink数据通信线、24 V开关电源组成。系统结构图如图2-28所示。

（2）触摸屏组态效果

触摸屏组态效果图如图2-29所示。

（3）变量对应关系

PLC主站作为发送端，数据的对应关系如表2-7所示。

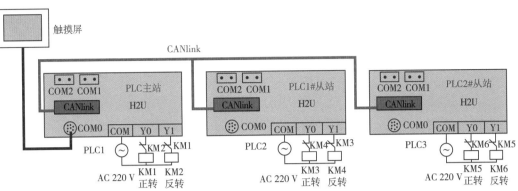

图 2-28 三台 PLC 的 CAN 现场总线通信 + 触摸屏监控系统结构图

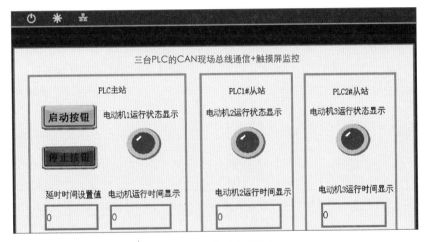

图 2-29 组态效果图

表 2-7 PLC 主站发送数据的对应关系

触 摸 屏	启动按钮	停止按钮	启动信号寄存器	停止信号寄存器	延时时间设定	电动机 1 运行状态
PLC 主站（发送）	M0	M1	D10	D11	D0	Y0
PLC1# 从站（接收）	—	—	D10	D11	D0	—
PLC2# 从站（接收）	—	—	D10	D11	D0	—

PLC1# 从站、PLC2# 从站作为发送端，数据交流的对应关系如表 2-8 所示。

表 2-8 PLC1# 从站、PLC2# 从站发送数据对应关系

触 摸 屏	电动机 2 运行状态	电动机 3 运行状态	电动机 2 运行时间	电动机 3 运行时间
PLC 主站（接收）	D20	D40	D50	D60
PLC1# 从站（发送）	D20	—	D50	—
PLC2# 从站（发送）	—	D40	—	D60

2. 触摸屏组态

（1）使用 InoTouch Editor 软件新建工程

新建工程：三台 PLC 的 CAN 现场总线通信和触摸屏监控；"设备型号"选择 H2U。

（2）按钮设置

单击"位状态切换开关"按钮 ，选择"位状态切换开关"，双击"位状态切换开关"，弹出图 2-30 所示对话框。单击读取地址和写入地址的"设置"按钮，读取和写入的"地址类型"选择 M，"地址"为 0，"开关类型"改为复归型，如图 2-30、图 2-31 所示。图形属性选项卡中，单击"图库"按钮，选择"Button 01"，再选择绿色按钮，如图 2-8、图 2-9 所示。停止开关参照设置，"地址类型"还是 M，"地址"为 1，选择红色按钮。

图 2-30　设备信息设置

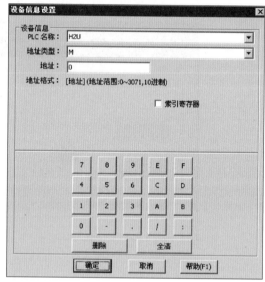

图 2-31　一般属性设置

（3）输入框设置

单击"数值输入"按钮 ，选择"数值输入"，双击主站 PLC 的"数值输入"框，弹出图 2-32 所示对话框。在"一般属性"选项卡中，"读取／写入地址"选择 H2U.D(0)，如图 2-33 所示。

（4）显示框设置

单击"数值显示"按钮 ，选择"数值显示"，双击"数值显示"框，在"一般属性"选项卡中，"读取地址"选择 H2U.D(100)，如图 2-34 所示。PLC1# 从站运行时间的"数值显示"框参照设置，"读取地址"选择 H2U.D(50)。PLC2# 从站运行时间的"数值显示"框参照设置，"读取地址"选择 H2U.D(60)。数值显示数字格式设置如图 2-35 所示。

（5）指示灯设置

单击"位状态指示灯"按钮 选择"位状态指示灯"，双击主站 PLC 指示灯，弹出"位状态指示灯"对话框，把"地址类型"改为 Y，"地址"设为 0，如图 2-36、图 2-37 所示。反转指示灯参照设置，"地址类型"改为 Y，"地址"设为 1。PLC1# 从站指示灯参照设置，"地址类型"改为 M，"地址"设为 10。PLC1# 从站指示灯参照设置，"地址类型"改为 M，"地址"设为 11。

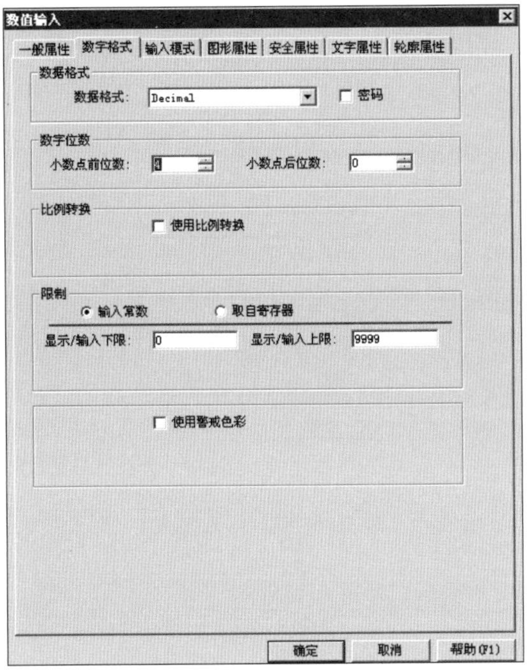

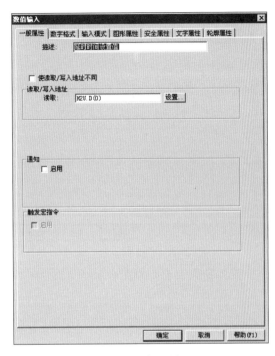

图 2-32 数字格式设置

图 2-33 一般属性设置

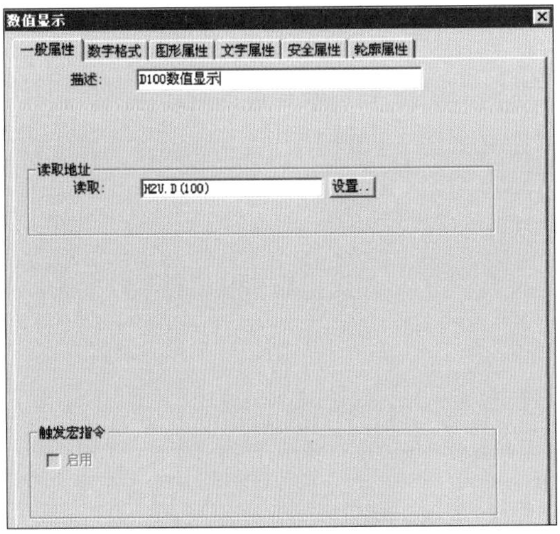

图 2-34 数值显示一般属性

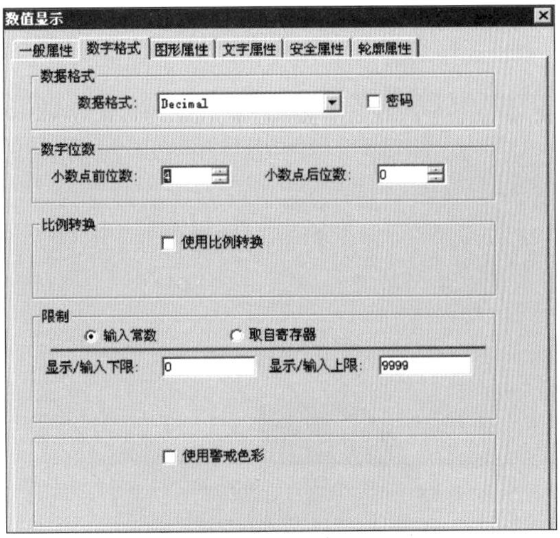

图 2-35 数值显示数字格式

项目 2

可编程控制器和触摸屏典型应用技术

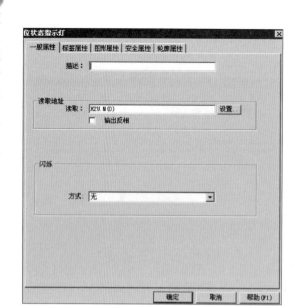

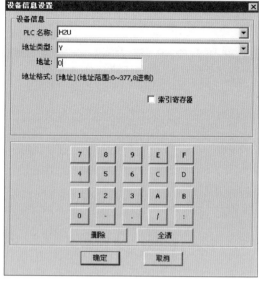

图 2-36 指示灯地址选择

图 2-37 指示灯地址设置

3. CAN通信设置

CAN 扩展板如图 2-38、图 2-39 所示。其中各个数值标号的使用说明如下：

1 为错误指示灯（红色）。对应的丝印标志为 ERR，发生通信错误时点亮。

2 为通信指示灯（黄绿色）。对应的丝印标志为 COM，单位时间内通信数据量越大，指示灯闪烁越频繁，不通信时指示灯不亮。

3 为电源指示灯（黄绿色）。内部逻辑电源指示，主模块加电后该指示灯点亮。

4 为内部接口。通过该接口和主模块进行数据交互，内部的逻辑电源也由主模块通过该接口提供给通信卡。

5 为拨码开关。用于设定本机地址、通信波特率、数据线匹配电阻连接。

6 为接收数据指示灯（黄绿色）。对应的丝印标志为 RXD，当接收到数据时该指示灯闪亮。

7 为总线端口，又称用户端口，CANlink 的接口定义如图 2-40 所示，其功能描述见表 2-9。图 2-38、图 2-39 中圆圈内的数字编号表示引脚号。

8 为固定 CAN 扩展板的螺钉孔。

9 为发送数据指示灯（黄绿色）。对应的丝印标志为 TXD，当发送数据时该指示灯闪亮。

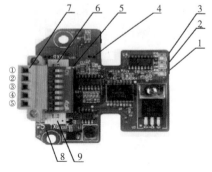

图 2-38 CAN 扩展板 H1U-CAN-BD

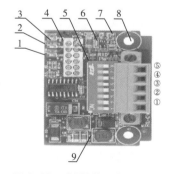

图 2-39 CAN 扩展板 H2U-CAN-BD

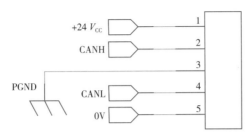

图 2-40　CANlink 的接口定义

CANlink 接口引脚描述见表 2-9。

表 2-9　CANlink 接口引脚描述

引 脚 号	信 号	描 述
1	$+24V_{CC}$	外接直流 24 × （1±20%）V 供电电源。为提高抗扰性，通信板采用光电隔离，内部逻辑电路由 PLC 主模块供电，外部接口电路由该电源供电
2	CANH	CAN 总线正
3	PGND	屏蔽地线，接通信电缆屏蔽层
4	CANL	CAN 总线负
5	0V	外接直流 24 V 供电电源负

组成 CAN 网络时，所有设备的以上五根线（包括屏蔽层）均要一一对应连在一起。并且 $+24V_{CC}$ 和 0 V 间需要外接 24 V 直流电源。总线的两端均要加 120 Ω 的 CAN 总线匹配电阻器。

CAN 通信卡上有一个 8 位的拨码开关，用于设定模块的站号，选择波特率，是否端接匹配电阻器。如图 2-41 所示，拨码开关每位都有编号，ON 表示逻辑 1。

拨码开关各位的功能定义见表 2-10。

图 2-41　CANlimk 拨码开关

表 2-10　拨码开关各位的功能定义

拨码号	信 号	描 述
1	地址线 A1	此 6 位拨码开关由高到低组合成一个 6 位二进制数，用来标识本机站号（PLC 主模块还可以通过 D 元件设置站号）。ON 表示 1，OFF 表示 0。高位在高，低位在低。按以下方式组合：A6A5A4A3A2A1。比如 A1=ON，其他位为 OFF，即二进制地址为 000001，十进制为 K01，十六进制为 H01。若 A5，A4 都为 ON，其他为 OFF，即二进制地址为 011000，十进制为 K24，十六进制为 H18
2	地址线 A2	
3	地址线 A3	
4	地址线 A4	
5	地址线 A5	
6	地址线 A6	
7	传输速率	OFF：高速模式，传输速率 500 kbit/s；ON：低速模式，传输速率 100 kbit/s
8	匹配电阻器	若拨码开关为 ON，表示接入 120 Ω 的终端匹配电阻器；否则断开

4. PLC编程

首先在每台PLC上要安装一张CAN通信卡,然后接上对应的五根线。拨码开关拨出的地址分别为63、1、2,若终端匹配电阻器,则匹配电阻器拨码开关也要拨上去。

任务采用CANlink3.0的配置法进行编程,在AutoShop软件中,单击工程管理中的"CAN网络配置"命令,主站号设为最大值63,如图2-42所示,单击"下一步"按钮。

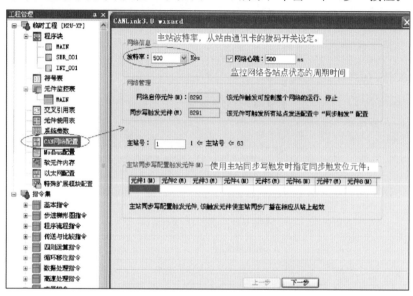

图 2-42 打开 CAN 网络配置

设置从站类型为PLC,两台PLC从站的从站号分别为1#和2#,从站PLC的状态码寄存器和启停元件分别为30、31,如图2-43所示,单击"完成"按钮。进入CANlink3.0网络配置界面,如图2-44所示。

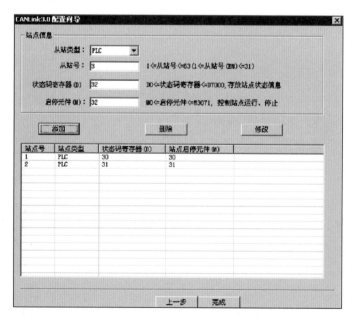

图 2-43 CANLink3.0 向导站点配置

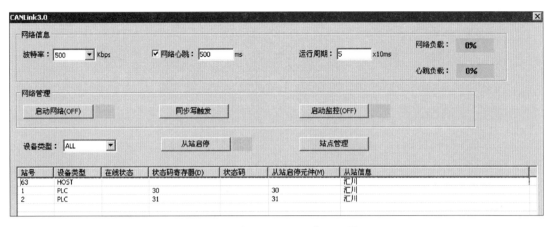

图 2-44　CANlink3.0 网络配置界面

双击站号 63 的主站，设置主站发送配置，主站设置的启动延时时间 D0 发送给两个从站，存入各自的 D0 寄存器中。主站 M0 为启动信号，启动后，把 D10 里面的数据发送给两个从站，存入从站各自的 D10 寄存器中。主站 M1 为停止信号，启动后，把 D11 里面的数据发送给两个从站，存入从站各自的 D11 寄存器中，如图 2-45 所示。主站发送数据设置完后确定退出。

编号	触发方式	触发条件	发送站		发送寄存器		接收站		接收寄存器		寄存器个数
1	时间(ms)	100	63	HOST	0	十进制	1	PLC	0	十进制	1
2	时间(ms)	100	63	HOST	0	十进制	2	PLC	0	十进制	1
3	事件(M)	0	63	HOST	10	十进制	1	PLC	10	十进制	1
4	事件(M)	0	63	HOST	10	十进制	2	PLC	10	十进制	1
5	事件(M)	1	63	HOST	11	十进制	1	PLC	11	十进制	1
6	事件(M)	1	63	HOST	11	十进制	2	PLC	11	十进制	1
7			63	HOST		十进制					
			63	HOST		十进制					

图 2-45　主站发送配置

回到图 2-44 画面，双击站号为 1 的 PLC1# 从站，设置 PLC1# 从站发送配置，PLC1# 从站 D20 中为该站电动机运行状态，启动后，把 D20 里面的数据发送给 63 号主站，存入主站的 D20 寄存器中。PLC1# 从站 D50 中为该站电动机运行时间的值，启动后，把 D50 里面的数据发送给主站，存入主站的 D50 寄存器中，如图 2-46 所示。PLC1# 从站发送数据设置完后确定退出。

再次回到图 2-44 画面，双击站号为 2 的 PLC2# 从站，设置 PLC2# 从站发送配置，PLC2# 从站 D40 中为该站电动机运行状态，启动后，把 D40 里面的数据发送给 63 号主站，存入主站的 D40 寄存器中。PLC2# 从站 D60 中为该站电动机运行时间的值，启动后，把 D60 里面的数据发送给主站，存入主站的 D60 寄存器中，如图 2-47 所示。PLC2# 从站发送数据设置完后确定退出。

在主站 PLC 中，还要进行 PLC 编程，主站 PLC 部分样例程序如图 2-48 所示。

项目 2　可编程控制器和触摸屏典型应用技术

从站(1)配置

发送配置 | 接收配置

编号	触发方式	触发条件	发送站		发送寄存器		接收站		接收寄存器		寄存器个数
1	时间(ms)	100	1	PLC	20	十进制	63	HOST	20	十进制	1
2	时间(ms)	100	1	PLC	50	十进制	63	HOST	50	十进制	1
3			1	PLC		十进制					
4			1	PLC		十进制					
5			1	PLC		十进制					
6			1	PLC		十进制					
7			1	PLC		十进制					
8			1	PLC		十进制					
9			1	PLC		十进制					
10			1	PLC		十进制					
11			1	PLC		十进制					
12			1	PLC		十进制					
13			1	PLC		十进制					
14			1	PLC		十进制					
15			1	PLC		十进制					
16			1	PLC		十进制					
本站接收											
1	时间(ms)	100	63	HOST	0	十进制	1	PLC	0	十进制	1
2	事件(M)	0	63	HOST	10	十进制	1	PLC	10	十进制	1
3	事件(M)	1	63	HOST	11	十进制	1	PLC	11	十进制	1

图 2-46　PLC1# 从站发送配置

从站(2)配置

发送配置 | 接收配置

编号	触发方式	触发条件	发送站		发送寄存器		接收站		接收寄存器		寄存器个数
1	时间(ms)	100	2	PLC	40	十进制	63	HOST	40	十进制	1
2	时间(ms)	100	2	PLC	60	十进制	63	HOST	60	十进制	1
3			2	PLC		十进制					
4			2	PLC		十进制					
5			2	PLC		十进制					
6			2	PLC		十进制					
7			2	PLC		十进制					
8			2	PLC		十进制					
9			2	PLC		十进制					
10			2	PLC		十进制					
11			2	PLC		十进制					
12			2	PLC		十进制					
13			2	PLC		十进制					
14			2	PLC		十进制					
15			2	PLC		十进制					
16			2	PLC		十进制					
本站接收											
1	时间(ms)	100	63	HOST	0	十进制	2	PLC	0	十进制	1
2	事件(M)	0	63	HOST	10	十进制	2	PLC	10	十进制	1
3	事件(M)	1	63	HOST	11	十进制	2	PLC	11	十进制	1

图 2-47　PLC2# 从站发送配量

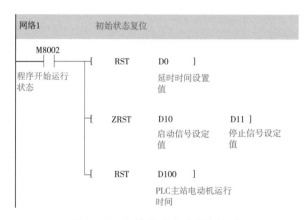

图 2-48　主站 PLC 部分样例程序

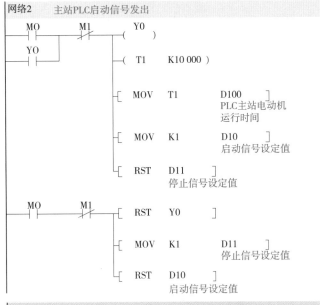

图 2-48　主站 PLC 部分样例程序（续）

5. 运行调试与任务评价

（1）运行调试

调试时，按照操作步骤依次设置延时时间，按下启动按钮，最后按下停止按钮，观察各个指示灯的颜色变化，以及各个 PLC 输出点 Y0 的亮灭情况，把运行结果填入表 2-11 中。

表 2-11　功能测试表

操作步骤 \ 观察项目（结果）	PLC 主站					PLC1# 从站		PLC2# 从站	
	启动按钮	停止按钮	指示灯亮灭	延时时间	主站运行时间	1# 指示灯亮灭	1# 运行时间	2# 指示灯亮灭	2# 运行时间
设置延时时间									
按下启动按钮									
按下停止按钮									

（2）任务评价

任务完成后，填写评价表 2-12。

（侧栏）控 系 统 安 装 与 调 试

表 2–12 评价表

____学年			工作形式 □个人 □小组分工 □小组		工作时间 45min	
任务	训练内容		训练要求		学生 自评	教师 评分
三台 PLC 的 CAN 现场总线通信＋触摸屏监控	设计硬件系统（35分）		硬件系统设计、安装，35分			
	建立工程（50分）		选择触摸屏型号以及屏幕类型，10分； PLC 程序编写及通信参数设置，30分； 组态界面设计，10分			
	下载工程（15分）		USB 下载，5分； 运行调试，10分			

学生 _____ 教师 _____ 日期 _____

练习与提高

1. 完成一个汇川 H2U 系列 PLC 和汇川模拟量模块 4AD（R）的 CANlink 通信，测试出连接的温度模块的值，并能下载调试。
2. 设计一个两台 PLC 互相 CANlink 通信的工程，1号 PLC 能把自己的 X 输入点的通断信号传送到 2号 PLC 的输出点上显示出来，并且 2号 PLC 把输出点 Y 所代表的二进制数转换成十进制数通过 1号 PLC 显示到触摸屏上。

▶ 任务4　三台PLC的Modbus现场总线通信

任务布置

三台汇川 PLC 采用 Modbus 通信协议，通过 RS–485 串口网络连接，每台 PLC 各控制一台电动机，实现按下触摸屏上的启动按钮后，PLC1 的电动机运行，延时设定时间后，PLC2 的电动机、PLC3 的电动机一起运行。按下停止按钮，电动机全部停止运行。

任务训练

1. 系统设计

（1）系统组成

系统由汇川 IT5070T 触摸屏、三台汇川 H2U–1616MR PLC、Modbus 数据通信线、24 V 开关电源组成，系统结构如图 2–49 所示。

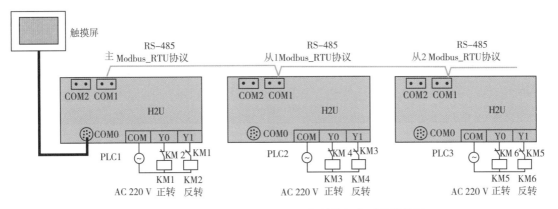

图 2-49　三台 PLC 的 Modbus 现场总线通信系统结构图

（2）触摸屏组态效果图

触摸屏组态效果如图 2-50 所示。

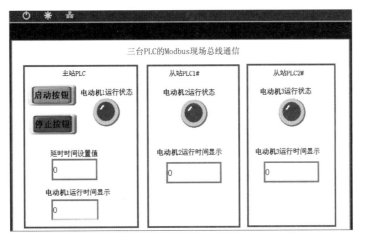

图 2-50　组态效果图

（3）变量对应关系

主站 PLC 写出数据对应关系如表 2-13 所示。

表 2-13　主站 PLC 写出数据对应关系

触 摸 屏	启动按钮	停止按钮	延时时间
主站 PLC（写）	M0	M1	D0
从站 PLC1#（读）	M0	M1	D0
从站 PLC2#（读）	M0	M1	D0

主站 PLC 读取数据对应关系如表 2-14 所示。

表 2-14　主站 PLC 读取数据对应关系

触 摸 屏	主站电动机运行状态	1# 电动机运行状态	2# 电动机运行状态	主站电动机运行时间	1# 电动机运行时间	2# 电动机运行时间
主站 PLC（读）	M10	M11	M12	D100	D20	D30
从站 PLC1#（写）	—	M11	—	—	D20	—
从站 PLC2#（写）	—	—	M12	—	—	D30

2. 触摸屏组态

新建工程：三台 PLC 的 Modbus 现场总线通信。启动按钮、停止按钮、延时时间设置值 D0 及运行时间 D100 的数值显示均参照项目 2 任务 3 中组态的设置方法进行设置。触摸屏连接主站 PLC 数据时，对应的主站 PLC 地址参照表 2-12、表 2-13 所示。

3. PLC 编程

（1）设置主站 PLC 通信参数

主站 PLC 的 COM1 通信口配置为 Modbus 主站协议，9 600，8 位数据位，无检验位，2 位停止位，数据的交换（读写）全部由主站 PLC 完成，如图 2-51 所示。

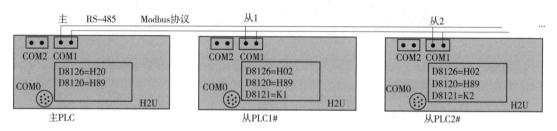

图 2-51　三台 PLC 通信连接示意图

该任务中，需要用到启停控制电动机的 Y 输出点，一些 M 点，用来控制开关量信号输出，将这些变量整合成 D 数据变量，在一片连续的 D 变量区域，成批交换，主从双方各自进行位变量的组合与解析，这样的交换效率高，编程简单，相关程序如图 2-52 至图 2-54 所示。

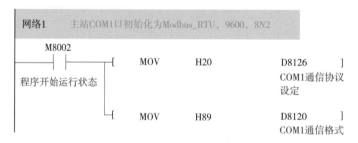

图 2-52　主站通信初始化样例程序

（2）设置从站 PLC 通信参数

将从站 PLC 的 COM1 端口配置为 Modbus_RTU 从站，通信格式与主站相同，即 9 600，8 位数据位，无检验位，2 位停止位，将本机站号设置为 1，把输出点 Y 的输出情况存放到数据寄存器中，及时刷新主站要读取的数据寄存器。主站由通信写过来的数据保存在寄存器中，程序如图 2-55 所示。

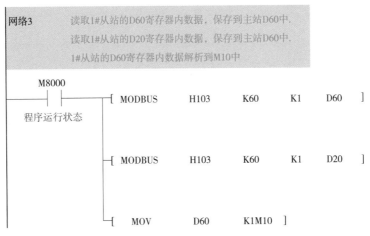

图 2-53　主站读取 1# 从站样例程序

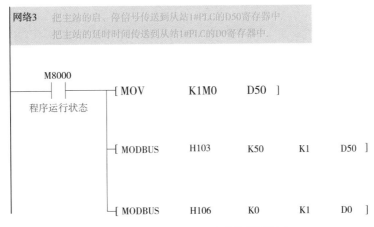

图 2-54　主站写入 1# 从站的样例程序

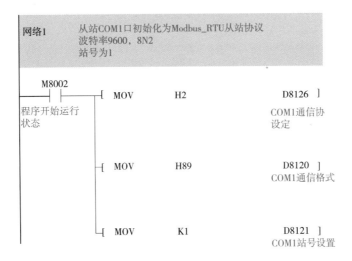

图 2-55　1# 从站运行样例程序

项目 2 可编程控制器和触摸屏典型应用技术

4. 运行调试与任务评价

（1）运行调试

调试时，按照操作步骤依次设置延时时间，单击启动按钮，最后单击停止按钮，1# 从站通信设置样例程序如图 2-56 所示。观察各个指示灯的颜色变化，以及各个 PLC 输出点 Y0 的亮灭情况，把运行结果填入表 2-15 中。

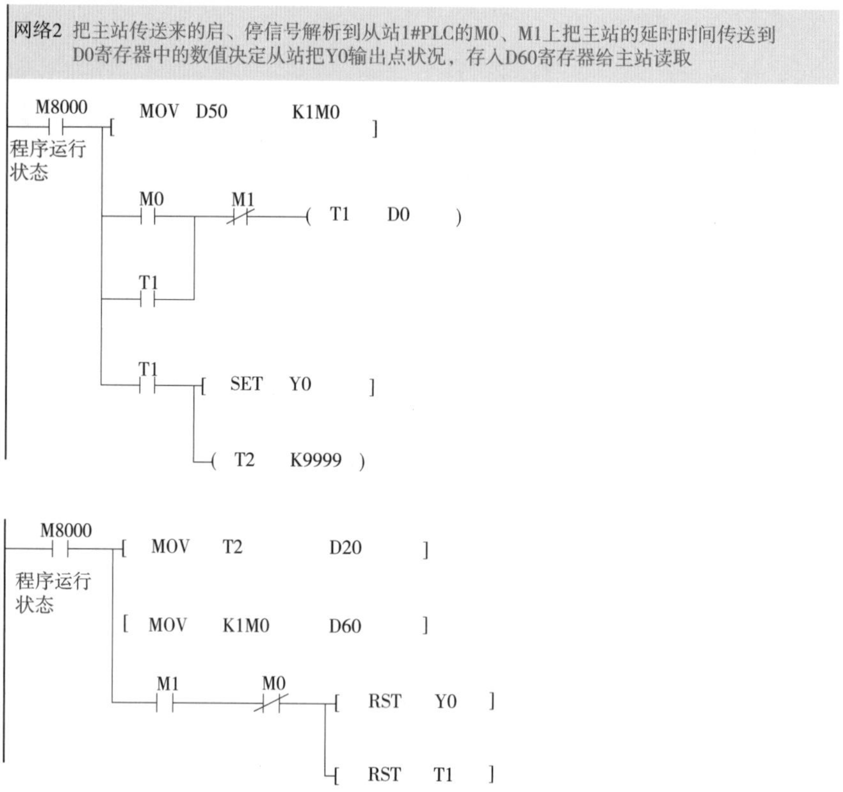

78

网络2 把主站传送来的启、停信号解析到从站1#PLC的M0、M1上把主站的延时时间传送到 D0寄存器中的数值决定从站把Y0输出点状况，存入D60寄存器给主站读取

```
M8000
├──┤ ├──────[ MOV  D50    K1M0      ]
程序运行
状态
       M0    M1
       ├──┤ ├──┤/├─────( T1    D0    )

       T1
       ├──┤ ├┘

       T1
       ├──┤ ├──────[ SET   Y0    ]

                  └──( T2    K9999 )


M8000
├──┤ ├──────[ MOV  T2    D20       ]
程序运行
状态
       ├──────[ MOV  K1M0  D60       ]

       M1    M0
       ├──┤ ├──┤/├────[ RST   Y0    ]

                  └──[ RST   T1    ]
```

图 2-56　1# 从站通信设置样例程序

表 2-15　功能测试表

操作步骤 ＼ 观察项目 结果	主站 PLC					从站 PLC1#		从站 PLC2#	
	启动按钮	停止按钮	指示灯亮灭	延时时间	运行时间	指示灯亮灭	运行时间	指示灯亮灭	运行时间
设置延时时间									
单击启动按钮									
单击停止按钮									

（2）任务评价

任务完成后，填写评价表 2-16。

表 2-16 评 价 表

任 务	训 练 内 容	训 练 要 求	学生 自评	教师 评分
_____学年		工作形式 □个人 □小组分工 □小组	工作时间 90 min	
三台 PLC 的 MODBUS 现场总 线通信	设计硬件系统（35分）	硬件系统设计、安装，35 分		
	建立工程（50分）	选择触摸屏型号以及屏幕类型，10 分； MODBUS 通信参数设置，10 分； PLC 程序编写，20 分； 组态界面设计，10 分		
	下载工程（15分）	USB 下载，5 分； 运行调试，10 分		

学生 _____ 教师 _____ 日期 _____

 练习与提高

1. 完成两台汇川 H2U 系列 PLC 的 Modbus 协议通信，把主站 PLC 的内部时钟复制传送给从站 PLC，并修改成时间一致，同时还要显示到触摸屏上，编写程序并下载调试。
2. 设计两台 PLC 互相采用 Modbus 协议进行通信的工程，主站 PLC 能把自己的 X 输入点的通断信号传送到从站 PLC 的输出点上显示出来，并且从站 PLC 把输出点 Y 所代表的二进制数转换成十进制数通过主站 PLC 显示到触摸屏上。

▶ 任务5 三台 PLC 的 $N:N$ 网络通信与监控

🔧 任务布置

三台汇川 PLC 采用 $N:N$ 网络通信方式连接，每台 PLC 控制一台电动机，实现按下触摸屏上的启动按钮后，主站 PLC 的电动机运行，延时设定时间后，从站 PLC1# 的电动机、从站 PLC2# 的电动机一起运行。按下停止按钮，电动机全部停止运行。

项目 **2** 可编程控制器和触摸屏典型应用技术

79

任务训练

1. 系统设计

（1）系统组成

系统由汇川 IT5070T 触摸屏、三台汇川 H2U-1616MR PLC、Modbus 数据通信线、24 V 开关电源组成，系统结构图如图 2-57 所示。

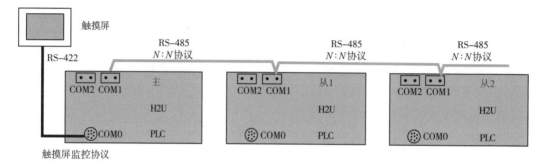

图 2-57 三台 PLC 的 $N：N$ 网络通信系统结构图

（2）触摸屏组态效果图如图 2-58 所示。

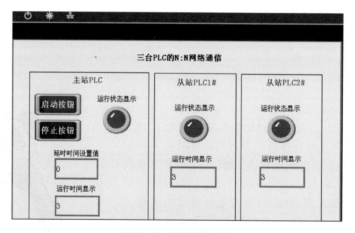

图 2-58 组态效果图

（3）变量对应关系

触摸屏和三台 PLC 数据的对应关系如表 2-17 所示。

表 2-17 触摸屏和三台 PLC 数据的对应关系

触摸屏	启动按钮	停止按钮	延时时间	主站运行状态	从站1#运行状态	从站2#运行状态	主站电动机运行时间	1#电动机运行时间	2#电动机运行时间
主站PLC	M1000	M1001	D0	M1002	M1064	M1128	D1	D10	D20
从站 PLC1#	M1000	M1001	D0	M1002	M1064	M1128	D1	D10	D20
从站 PLC2#	M1000	M1001	D0	M1002	M1064	M1128	D1	D10	D20

2. 触摸屏组态

新建工程：触摸屏和三台 PLC 的 $N:N$ 网络通信。启动按钮、停止按钮、延时时间设置值 D0 及每台电动机运行时间的数值显示均参照项目 2 任务 3 中组态的设置方法进行设置，触摸屏连接主站 PLC 数据时，对应的主站 PLC 地址参照表 2-15 所示。

3. $N:N$ 网络设置

（1）设置 $N:N$ 网络连接协议的相关寄存器

在 $N:N$ 网络通信系统中，设置 $N:N$ 网络连接协议的相关寄存器主要有以下几个：

D8126：COM1 协议设定用寄存器。

D8266：COM2 协议设定用寄存器。

D8126：COM1 通信口通信协议配置，设为 40h 表示 $N:N$ 主站；设为 04h 表示 $N:N$ 从站。

D8176：$N:N$ 站号设定寄存器，用于设定站点号，0 表示主站，从站范围为 1 ~ 7。

D8177：从站的总数，范围为 1 ~ 7，仅主站需要设置。

D8178：刷新范围（模式）设置，范围为 0 ~ 2，仅主站需要设置。

D8179：重试次数设定，仅主站需要设置。

D8180：通信超时设置，单位为 10 ms，仅主站需要设置。

M8183 ~ M8190：通信出错标志，M8183 对应第 0 号站点（主站），M8184 对应第 1 号站点，依次类推，M8190 对应第 7 号站点。

M8191：正在执行数据传送。

如图 2-57 所示，三台 PLC 均采用 COM1 通信连接，则 COM1 端口通信格式的设置由 PLC 中 D8126 决定。第一台 PLC 可以设置 D8126=40h；第二台 PLC 设置 D8126=04h；第三台 PLC 设置 D8126=04h 即可。

在 $N:N$ 网络系统中，通信数据元件对网络的正常工作起到了非常重要的作用，只有对这些数据元件进行准确设置，才能保证网络的可靠运行。

在 $N:N$ 网络系统中，通信用特殊辅助继电器的编号和功能说明如表 2-18 所示。

表 2-18 $N:N$ 网络系统中的特殊辅助继电器的编号和功能说明

特殊辅助继电器编号	功　能	说　明	响应类型	读/写方式
M8038	网络参数设置	为 ON 时，进行 $N:N$ 网络的参数设置	主站、从站	读
M8183	主站通信错误	为 ON 时，主站通信发生错误	从站	读
M8184 ~ M8190	从站通信错误	为 ON 时，从站通信发生错误	主站、从站	读
M8191	数据通信	为 ON 时，表示正在同其他站通信	主站、从站	读

注：①通信错误不包括各站的 CPU 发生错误、各站工作在编程或停止状态的指示。

②特殊辅助继电器 M8184 ~ M8190 对应的 PLC 从站号为 No.1 ~ No.7。

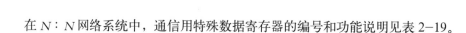
在 $N:N$ 网络系统中，通信用特殊数据寄存器的编号和功能说明见表 2-19。

表 2-19　$N:N$ 网络系统中的特殊数据寄存器的编号和功能说明

特殊数据寄存器编号	功　能	说　明	响应类型	读/写方式
D8173	站号	保存 PLC 自身的站号	主站、从站	读
D8174	从站数量	保存网络中从站的数量	主站、从站	读
D8175	更新范围	保存要更新的数据范围	主站、从站	读
D8176	站号设置	对网络中 PLC 站号的设置	主站、从站	写
D8177	设置从站数量	对网络中从站的数量进行设置	从站	写
D8178	数据更新范围设置	对网络中数据更新范围进行设置	从站	写
D8179	通信重试次数设置	设置网络中通信的重试次数	从站	读/写
D8180	公共等待时间的设置	设置网络中的通信公共等待时间	从站	读/写
D8201	当前网络扫描时间	保存当前的网络扫描时间	主站、从站	读
D8202	最大网络扫描时间	保存网络允许的最大扫描时间	主站、从站	读
D8203	主站发生错误的次数	保存主站发生错误的次数	主站	读
D8211	从站发生错误的次数	保存从站发生错误的次数	主站	读
D8204 ~ D8210	主站通信错误代码	保存主站通信错误的代码	主站、从站	读
D8212 ~ D8218	从站通信错误代码	保存从站通信错误的代码	主站、从站	读

注：①通信错误的次数不包括主站的 CPU 发生错误、本站工作在编程或停止状态引起的网络通信错误。

②特殊数据寄存器 D8204 ~ D8210 对应的 PLC 从站号为 No.1 ~ No.7；特殊数据寄存器 D8212 ~ D8218 对应的 PLC 从站号为 No.1 ~ No.7。

(2) 设置各 PLC 的 $N:N$ 网络通信参数

①设置主从站号。站号的设置是将数值 0 ~ 7 写入相应 PLC 的特殊数据寄存器 D8176 中，就完成了站号设置。站号与对应的数值见表 2-20。

表 2-20　站号的设置

数　值	站　号	数　值	站　号
0	主站（站号 No.0）	1 ~ 7	从站（站号 No.1 ~ No.7）

从站号的设置是将数值 1 ~ 7 写入主站的特殊数据寄存器 D8177 中，每个数值对应从站的数量，默认值为 7（7 个从站），这样就完成了网络从站号的设置。该设置不需要从站的参与。

②设置数据更新范围。将数值 0 ~ 2 写入主站的特殊数据寄存器 D8178 中，每个数值对应一种更新范围的模式，默认值为模式 0，见表 2-21，这样就完成了数据更新范围的设置。该设置不需要从站的参与。

表 2-21　数据更新范围的模式

通信元件类型	模式 0	模式 1	模式 2
位元件（M）	0 点	32 点	64 点
字元件（D）	4 个	4 个	4 个

在三种模式下，$N:N$ 网络中各站对应的位元件号和字元件号分别见表 2-22 至表 2-24。

表 2-22　模式 0 时使用的数据元件编号

站　号	No.0	No.1	No.2	No.3	No.4	No.5	No.6	No.7
位元件（M）	无	无	无	无	无	无	无	无
字元件（D）	D0 ~ D3	D10 ~ D13	D20 ~ D23	D30 ~ D33	D40 ~ D43	D50 ~ D53	D60 ~ D63	D70 ~ D73

表 2-23　模式 1 时使用的数据元件编号

站　号	No.0	No.1	No.2	No.3	No.4	No.5	No.6	No.7
位元件（M）	M1000 ~ M1031	M1064 ~ M1095	M1128 ~ M1159	M1192 ~ M1223	M1256 ~ M1287	M1320 ~ M1351	M1384 ~ M1415	M1448 ~ M1479
字元件（D）	D0 ~ D3	D10 ~ D13	D20 ~ D23	D30 ~ D33	D40 ~ D43	D50 ~ D53	D60 ~ D63	D70 ~ D73

表 2-24　模式 2 时使用的数据元件编号

站　号	No.0	No.1	No.2	No.3	No.4	No.5	No.6	No.7
位元件（M）	M1000 ~ M1063	M1064 ~ M1127	M1128 ~ M1191	M1192 ~ M1255	M1256 ~ M1319	M1320 ~ M1383	M1384 ~ M1447	M1448 ~ M1511
字元件（D）	D0 ~ D7	D10 ~ D17	D20 ~ D27	D30 ~ D37	D40 ~ D47	D50 ~ D57	D60 ~ D67	D70 ~ D77

③设置通信重试次数。将数值 0 ~ 10 写入主站的特殊数据寄存器 D8179 中，每个数值对应一种通信重试次数，默认值为 3，这样就完成了网络通信重试次数的设置。该设置不需要从站的参与。当主站向从站发出通信信号时，如果在规定的重试次数内没有完成连接，则网络发出通信错误信号。

④设置公共等待时间。将数值 5 ~ 255 写入主站的特殊数据寄存器 D8180 中，每个数值对应一种公共等待时间，默认值为 5（每个单位为 10 ms），例如：数值 10 对应的公共暂停时间为 100 ms，这样就完成了网络通信公共等待时间的设置。该等待时间是由于主站和从站通信时引起的延迟等待产生的。

项目 2 可编程控制器和触摸屏典型应用技术

4. PLC编程

三台 PLC 均采用 COM1 通信连接，通信样例程序如图 2-59 所示。

主站程序：

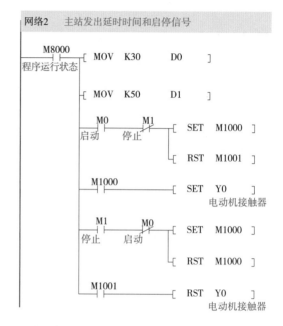

从站1准备程序：

从站2准备程序：

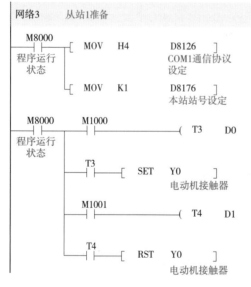

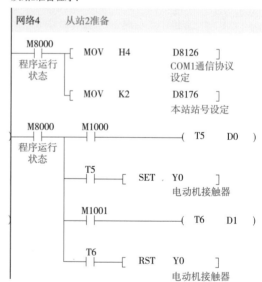

图 2-59　通信样例程序

5. 运行调试与任务评价

（1）运行调试

调试时，按照操作步骤依次设置延时时间，按下启动按钮，最后按下停止按钮，观察各个指示灯的颜色变化，以及各个 PLC 输出点 Y0、Y1 的亮灭情况，把运行结果填入表 2-25 中。

表 2-25　功能测试表

操作步骤 \ 观察项目 / 结果	主站 PLC					从站 PLC1#		从站 PLC2#	
	正转按钮	停止按钮	运行指示灯	延时时间	运行时间	运行指示灯	运行时间	运行指示灯	运行时间
设置延时时间									
按下启动按钮									
按下停止按钮									

（2）任务评价

任务完成后，填写评价表 2-26。

表 2-26　评　价　表

———— 学年		工作形式 □个人 □小组分工 □小组		工作时间 45 min
任务	训 练 内 容	训 练 要 求	学生自评	教师评分
三台 PLC 的 Modbus 现场总线通信	设计硬件系统（35分）	硬件系统设计、安装；35 分		
	建立工程（50分）	选择触摸屏型号以及屏幕类型，10 分；Modbus 通信参数设置，10 分；PLC 程序编写，20 分；组态界面设计，10 分		
	下载工程（15分）	USB 下载，5 分；运行调试，10 分		

学生 ————　教师 ————　日期 ————

练习与提高

1. 完成两台汇川 H2U 系列 PLC 的 $N:N$ 协议通信，把主站 PLC 的内部时钟复制传送给从站 PLC，并修改成时间一致，同时还要显示到触摸屏上，编写程序并下载调试。

2. 设计两台 PLC 互相采用 $N:N$ 协议进行通信的工程，主站 PLC 能把自己的 X 输入点的通断信号传送到从站 PLC 的输出点上显示出来，并且从站 PLC 把输出点 Y 所代表的二进制数转换成十进制数通过主站 PLC 显示到触摸屏上。按下主站 PLC 输入端的按钮进行任务调试。

项目 2 可编程控制器和触摸屏典型应用技术

知识、技术归纳

    本项目中，通过触摸屏和 PLC 建立几种经典的网络通信任务，如 PLC 编程口、PLC RS—485 串口、CANlink 模块等，并指导读者完成运行调试，体会汇川工控系统在监控和调试方面的优势。在 RS—485 串口通信上，读者既可以通过计算机进行 PLC 编程软件界面监控，又可以通过触摸屏界面进行设备调试。通信更方便、更灵活。

工控系统安装与调试

项目③
PLC、变频器、伺服、触摸屏典型应用技术

本项目主要通过 PLC、变频器、伺服、人机界面等工控设备系统集成的经典案例进行演练，掌握工业自动化控制中管控一体化技术的一般应用方法，并能达到举一反三的效果。

▶ 任务1　触摸屏和变频器Modbus协议通信

🔧 任务布置

一台汇川触摸屏和一台汇川变频器进行 Modbus 通信连接，控制变频器的启、停及反转运行，并显示变频器运行过程中运行频率、电压、电流，故障信息等相关功能码信息。

🔧 任务训练

1.系统设计

（1）系统组成

本系统由汇川 IT5070T 触摸屏、汇川 MD380 变频器、24 V 开关电源、RS-485 数据通信线组成。触摸屏和变频器 Modbus 协议通信控制系统结构图如图 3-1 所示。

汇川触摸屏可以使用 COM1 和 COM3 作为 Modbus_RTU 主站通信端口，汇川变频器进行 RS-485 串口通信时，需要加装通信扩展卡，如 MD380 变频器需要添加 MD38TX1 通信扩展卡（见图 3-2）。

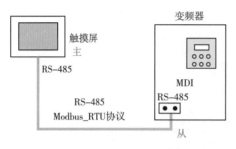

图 3-1　触摸屏和变频器 Modbus 协议通信控制系统示意图　　　图 3-2　MD38TX1 通信扩展卡

以汇川触摸屏的 COM1 串口为例，触摸屏和 MD380 变频器的连线示意图如图 3-3 所示。

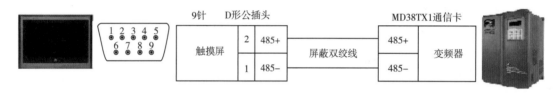

图 3-3　触摸屏和 MD380 变频器的连线示意图

（2）触摸屏组态效果

触摸屏组态效果图如图 3-4 所示。

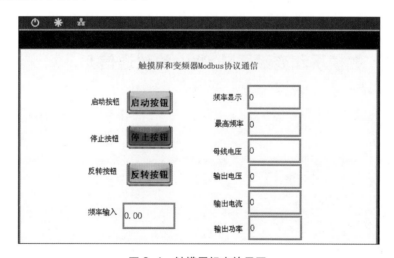

图 3-4　触摸屏组态效果图

（3）变量对应关系

触摸屏和变频器数据的对应关系如表 3-1 所示。

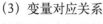

表 3-1　触摸屏和变频器数据的对应关系

操作功能	正转按钮	停止按钮	反转按钮	频率输入	频率显示	最高频率	母线电压
变频器操作地址	H2000	H2000	H2000	H1000	H1001	Hf00a	H1002
变频器数据	H2000=1	H2000=5	H2000=2	−50Hz ~ +50Hz= −10000 ~ +10000	H1001	Hf00a= F0−10	H1002

注：H1000：写变频器频率，其值范围 −10000 ~ +10000，H1000=10000，对应 F0−10（变频器最大频率）的百分比，即 F0−10×100% =50.00，变频器输出频率为 50Hz，如果 H1000=5000，变频器输出频率为 25Hz。

H2000：变频器控制命令。

变频器功能码参数通信地址规则：

F0−0A：对应 F0−10（变频器最大频率），如 F0−10=50.00 Hz，表示变频器最大频率为 50 Hz。变频器功能码参数高字节 F0 为十六进制地址；低字节 10 为十进制地址，如果需要通信地址为十六进制地址，则此地址应该为 F00A。如果通信地址要求十进制地址则将 F00A 转换为十进制，即 61450。

读或写操作的表示方式：0x1 =读线圈操作；0x03 =读寄存器操作；0x05 =改写线圈操作；0x06 =改写寄存器操作。对于变频器而言，只支持 0x03 读、0x06 写的操作。

2.触摸屏组态

（1）使用 InoTouch Editor 软件新建工程

新建工程：触摸屏和变频器 Modbus 协议通信，如图 3−5 所示；设置连接设备，"设备型号" 选择 Modbus_RTU，"连接端口" 选择 COM1，"预设站号" 设为 1，如图 3−6 所示（若有两台及以上变频器，则 "预设站号" 为 1、2、3，依此类推）。

单击 "设置" 按钮，进行通信设置，"通信模式" 选择 RS-485 2w"，"波特率" 选择 9 600，"数据位" 选择 8bits，"检验" 选择 None，"停止位" 选择 2bits，如图 3−7 所示。

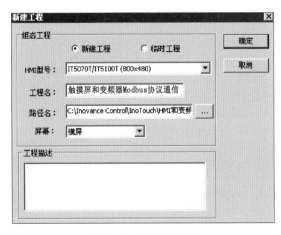

图 3-5　建立新工程

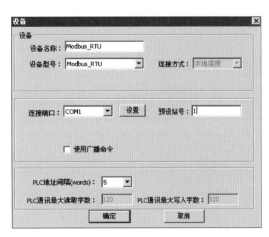

图 3-6　设置连接设备类型

项目 3 PLC、变频器、伺服、触摸屏典型应用技术——

89

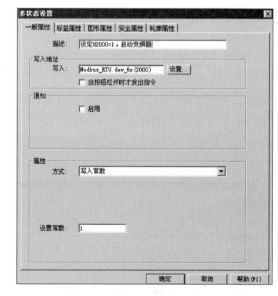

图 3-7　通信设置

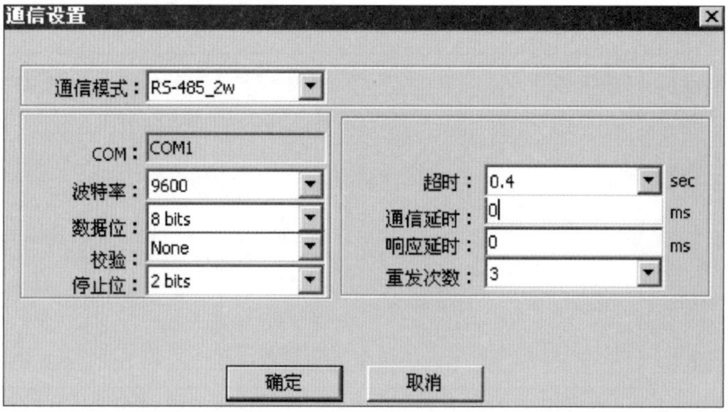

（2）按钮设置

　　单击"多状态设置" 按钮 ▦，在初始页面中单击，出现"多状态设置按钮"，双击该按钮，弹出"多状态设置"对话框，切换到"一般属性"选项卡，单击写入地址的"设置"按钮，"PLC 名称"选择 Modbus_RTU，"地址类型"选择 dev_6x，"地址"为 2000，如图 3-8 所示，然后单击"确定"按钮退出。属性"方式"选择写入常数，"设置常数"设为 1，如图 3-9 所示。反转按钮的"设置常数"设为 2，停止按钮的"设置常数"设为 5。最后在"标签属性"选项卡的"内容"文本框中输入文字"启动按钮"，单击"确定"按钮退出，多状态设置完成。

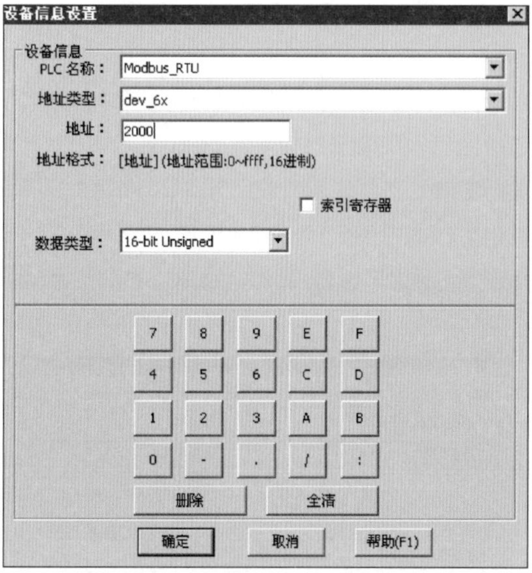

图 3-8　"设备信息设置"对话框　　　　图 3-9　"多状态设置"对话框

（3）频率输入

　　单击"数值输入"按钮 ✂，在初始页面中单击，出现"数值输入框"，双击该数值输入框，弹出"数值输入"对话框，切换到"一般属性"选项卡（见图 3-10），单击"设置"按钮，"PLC 名称"选择 Modbus_RTU，"地址类型"选择 dev_6x，"地址"为 1000，如图 3-11 所示。

数值输入

| 一般属性 | 数字格式 | 输入模式 | 图形属性 | 安全属性 | 文字属性 | 轮廓属性 |

描述: [_____]

□ 使读取/写入地址不同

读取/写入地址
　读取: [Modbus_RTU.dev_6x(1000)] [设置..]

通知
　□ 启用

触发宏指令
　□ 启用

[确定] [取消] [帮助(F1)]

图 3-10 "数值输入"对话框"一般属性"选项

设备信息设置

设备信息
　PLC 名称: [Modbus_RTU ▼]
　地址类型: [dev_6x ▼]
　地址: [1000]
　地址格式: [地址](地址范围:0~ffff,16进制)

　　　　　　　　　　□ 索引寄存器

　数据类型: [16-bit Unsigned ▼]

7	8	9	E	F
4	5	6	C	D
1	2	3	A	B
0	-	.	/	:

[删除] [全清]

[确定] [取消] [帮助(F1)]

图 3-11 "设备信息设置"对话框

切换到"数字格式"选项卡,"数字位数"为小数点前后各两位,选择"使用比例转换"复选框,"比例最大值"设置为5000。单击"确定"按钮退出,如图3-12所示,数值输入设置完成。

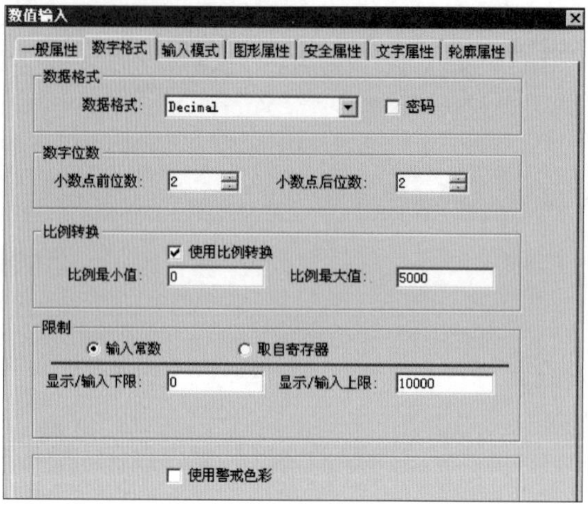

图3-12 "数值输入"对话框"数字格式"选项

(4)频率显示

单击"数值显示"按钮 ⑫,在初始页面中单击,出现"数值显示框",双击该数值显示框,弹出"数值显示"对话框,切换到"一般属性"选项卡(见图3-13),单击"设置"按钮,"PLC名称"选择Modbus_RTU,"地址类型"选择dev_6x,"地址"设为1001(见图3-14)。

(5)添加多台Modbus从站变频器设备

在触摸屏软件左侧"项目管理"区"本地连接",此处使用COM1口,右击COM1,在弹出的快捷菜单中选择"添加设备"命令,添加一个Modbus_RTU设备,"预设站号"为1,"通信模式"为RS-485_2w,通信格式设定为9600,8N2;用同样的方式再添加一个Modbus_RTU设备,设备名称及站号改一下,与第一台站号区分开,其余设定要求一致。

变频器设置:

FD-00=5(波特率设定为9600)

FD-01=0(8位数据位,无检验,2位停止位)

FD-02=1(站号设定为1)

FD-05=1(通信协议选择为标准的Modbus协议)

F0-02=2(命令源选择为通信命令通道,通过通信控制变频器启停)

F0-03=9(主频率源选择为通信给定,通过通信给定运行频率)

注:如果与多台变频器通信,上述参数设定一致,只需要更改FD-02站号即可。

3. 运行调试与任务评价

(1)运行调试

调试时,按照操作步骤依次单击正转按钮、停止按钮、反转按钮、停止按钮,观察各个显示框数值的大小变化,以及变频器的运行频率和旋转方向情况,把运行结果填入表3-2中。

数值显示

| 一般属性 | 数字格式 | 图形属性 | 文字属性 | 安全属性 | 轮廓属性 |

描述: _____

读取地址
读取: Modbus_RTU.dev_6x(1001) 设置..

触发宏指令
□ 启用

确定   取消   帮助(F1)

图 3-13 "数值显示"对话框"一般属性"选项

设备信息设置

设备信息
PLC 名称: Modbus_RTU ▼
地址类型: dev_6x ▼
地址: 1001
地址格式: [地址] (地址范围:0~ffff,16进制)

□ 索引寄存器

数据类型: 16-bit Unsigned ▼

7	8	9	E	F
4	5	6	C	D
1	2	3	A	B
0	-	.	/	:

删除   全清

确定   取消   帮助(F1)

图 3-14 "设备信息设置"对话框

表3-2 功能测试表

操作步骤 \ 观察项目 \ 结果	触摸屏							变频器	
	频率输入	频率显示	最高频率	母线电压	输出电压	输出电流	输出功率	旋转方向	运行频率
单击正转按钮									
单击停止按钮									
单击反转按钮									
单击停止按钮									

（2）任务评价

任务完成后，填写评价表3-3。

表3-3 评 价 表

	_____ 学年	工作形式 □个人 □小组分工 □小组		工作时间45min	
任务	训练内容	训练要求		学生自评	教师评分
触摸屏和变频器Modbus协议通信	设计硬件系统（25分）	硬件系统设计、安装，25分			
	建立工程（60分）	选择触摸屏型号以及屏幕类型，10分；选择变频器型号和通信板卡，10分；通信参数设置，10分；变频器参数设置，10分；组态界面设计，20分			
	下载工程（15分）	USB下载，5分；运行调试，10分			

学生 _____ 教师 _____ 日期 _____

练习与思考

1. 调试汇川触摸屏的COM3接口，通过RS-485串口与汇川MD380系列变频器进行通信连接，写入运行频率，读出变频器运行参数，并能下载调试。

2. 设计汇川触摸屏通过RS-485串口与两台汇川MD380系列变频器进行通信连接，第一台写入运行频率15 Hz，第二台写入运行频率23 Hz，读出两台变频器各自的运行参数，并能下载调试。

3. 建立一个工程，汇川触摸屏通过RS-485串口与汇川MD380系列变频器进行通信连接，要求通过触摸屏软件上的"XY曲线"功能控制一台电动机的运行，启动后，按照运行时间输出对应的频率值，试设计电路并在触摸屏和PLC上实现。

 任务2　PLC模拟量（4DA）模块控制变频器输出频率+触摸屏

任务布置

　　触摸屏与PLC通信连接，通过模拟量（4DA模块）输出 0 ~ 10 V 的信号，控制变频器的输出频率，从而控制变频器所驱动电动机的转速，并通过触摸屏来启动、停止电动机及设定变频器的输出频率。

任务训练

1.系统设计

（1）系统组成

　　本系统由 IT5070T 触摸屏、汇川 H2U-1616MT-XP　PLC、H2U-4DA 模拟量扩展模块、MD380 变频器、24 V 开关电源、PLC 数据通信线等组成。系统结构图如图 3-15 所示。

图 3-15　PLC 模拟量控制变频器输出频率的系统结构图

　　安装接线时需要注意，用 PLC 的输出端（Y4）接变频器的 DI1 输入端，PLC 的 COM3 端接变频器的 COM 端；H2U-4DA 模块的 CH1 通道的 V+、VI- 分别接变频器的 AI1、GND 端子。本任务用 PLC 的开关量输出信号控制电动机的启停，用 PLC 模拟量输出信号控制电动机的转速。

（2）触摸屏组态效果

　　本任务完成后的触摸屏组态效果图如图 3-16 所示。画面中包含来了电动机的"启动""停止"按钮、电动机运行指示灯及变频器频率给定的输入框及滑竿设定。

（3）变量对应关系

　　触摸屏与 PLC 的数据对应关系见表 3-4。

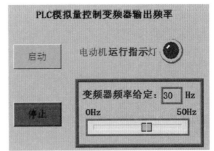

图 3-16　PLC 模拟量控制变频器输出
频率的组态效果图

表 3-4　触摸屏与 PLC 的数据对应关系

触摸屏	启动	停止	电动机运行指示	变频器频率给定
PLC	M10	M11	Y4	D10

2. 触摸屏组态设计

具体组态过程:单击"静态文字"按钮 ,并放置于画面中适当位置,输入相关文字信息;单击"位状态设置"按钮 ,对启动、停止按钮进行组态设置,如图3-17、图3-18所示;单击"位状态指示灯"按钮 ,对电动机运行指示灯进行组态设置,如图3-19所示;单击"数值输入"按钮 和"滑块"按钮 ,对变频器频率给定进行组态设置,如图3-20至图3-23所示。

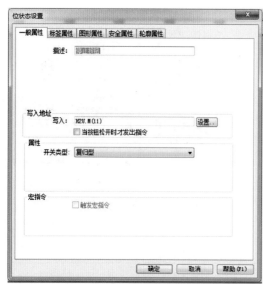

图3-17 启动按钮的组态设置

图3-18 停止按钮的组态设置

图3-19 电动机运行指示灯的组态设置

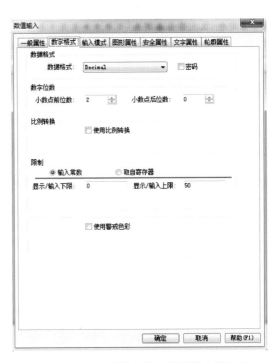

图 3-20　频率设定输入框的组态设置 1   图 3-21　频率设定输入框的组态设置 2

图 3-22　频率设定滑块的组态设置 1　　　图 3-23　频率设定滑块的组态设置 2

3. 变频器参数设置

按照本任务要求，MD380 变频器的参数设置见表 3-5，其他参数为出厂设置。

表 3-5　MD380 变频器的参数设置

参 数 编 号	设 定 值	功 能 说 明
F0-02	1	命令源选择为端子命令通道
F0-03	2	主频率源 X 选择为 AI1
F0-07	0	频率源叠加选择为主频率源 X
F4-00	1	DI1 端子功能选择为正转运行

4. 模拟量（4DA）模块应用与PLC编程

（1）模拟量（4DA）模块应用

PLC 主模块是通过向 4DA(R)/2DA(R) 模块的寄存器缓存单元（BFM 区）写入数字值，由 4DA(R)/2DA(R) 转换为模拟量输出，通过改写特定 BFM 区的方式来设置模块状态。PLC 主模块通过读写指令 FROM/TO 访问这些 BFM 单元。BFM 区的每个寄存器宽度为 16bit（即 1Word），4DA(R)/2DA(R) 模块的 BFM 区定义如表 3-6 所示。

表 3-6　模拟量输出模块 4DA(R) / 2DA(R) 的 BFM 区定义

BFM	R/W 属性	内　　容	
#0 (E)	WR	输出模式选择，每个 HEX 位代表 1 个输入通道，4DA（R）：最高位为 CH4，最低位为 CH1（默认值＝H0000）；2DA（R）：取低 8 位中的高 HEX 位为 CH2，低 HEX 位为 CH1（默认值＝H00） 0＝-10～10 V。对应数字输出：-2 000～2 000。 1＝4～20 mA。对应数字输出：0～1 000。 2＝0～20 mA。对应数字输出：0～1 000。 3＝本通道关闭。 4＝-10～10 V。对应数字输出：-10 000～10 000。 5＝4～20 mA。对应数字输出：0～10 000。 6＝0～200 mA。对应数字输出：0～10 000	例图： □　□　□　□ CH4 CH3 CH2 CH1
#1	WR	通道 1	通道输出值，初始值为 0
#2	WR	通道 2	
#3	WR	通道 3	
#4	WR	通道 4	
#20 (E)	WR	初始值＝0，当写入 1 时，所有 BFM 单元将初始化为默认值	
#29	R	错误状态字	
#30	R	模块识别字，4DA（R）模块的识别码为 K3020； 2DA（R）模块的识别码为 K3021	

（2）PLC 编程

本任务将 4DA 模拟量输出模块安装在特殊功能模块＃ 0 号位置，其中 CH1 端口输出 −10 ～ 10 V 的电压信号，CH2 ～ CH4 未使用；CH1 端口输出 0 ～ 10 V 信号，对应变频器输出频率为 0 ～ 50 Hz，通过 D0 设置通道 CH1 的输出值，D10 的初始值设为 30。PLC 梯形图程序如图 3-24 所示。

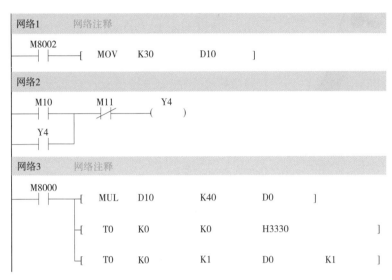

图 3-24　PLC 梯形图程序

5. 运行调试与任务评价

（1）运行调试

PLC 程序和触摸屏程序都设计完成后，分别对其进行下载，下载完成并重启系统后，通过操作触摸屏画面中的启动、停止按钮对电动机进行启、停控制，同时可以对变频器频率给定进行设定，设定范围为 0 ～ 50 Hz。

（2）任务评价

任务完成后，填写评价表 3-7。

表 3-7　评价表

＿＿＿＿学年		工作形式 □个人　□小组分工　□小组		工作时间 45min	
任务	训 练 内 容	训 练 要 求		学生 自评	教师 评分
PLC 模拟量（4DA）模块控制变频器输出频率＋触摸屏	设计硬件系统（35 分）	硬件系统设计、安装，35 分			
	建立工程（50 分）	变频器参数设置，15 分； PLC 程序设计，20 分； 触摸屏画面组态，15 分			
	调试工程（15 分）	程序下载，5 分； 运行调试，10 分			

学生 ＿＿＿＿＿　教师 ＿＿＿＿＿　日期 ＿＿＿＿＿

1. 用汇川PLC模拟量（4DA）模块控制变频器的输出频率，并能在触摸屏上对频率进行设定及修改。

2. 在本任务中，若要求变频器输出频率为40 Hz，则对应的通道输出值需要设定为多少？

3. 用汇川PLC模拟量（4DA）模块的CH3输出端口控制变频器的输出频率，完成硬件设计、接线、并完成PLC程序的设计等，并运行调试。

▶ 任务3 PLC发脉冲控制变频器输出频率+触摸屏

 任务布置

触摸屏与PLC通信连接，通过PLC发出高速脉冲信号，来控制MD380变频器的输出频率，从而控制变频器所驱动电动机的转速，并通过触摸屏来启动、停止电动机及设定变频器的输出频率。

 任务训练

1. 系统设计

（1）系统组成

本系统由汇川 IT5070T 触摸屏、汇川 H2U-1616MT-XP PLC、MD380 变频器、24 V 开关电源、PLC 数据通信线等组成，系统结构图如图 3-25 所示。

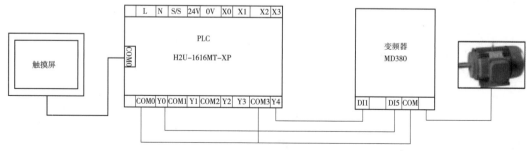

图 3-25 PLC 发脉冲控制变频器输出频率的系统结构图

安装接线时需要注意，用 PLC 的输出端 Y4 接 MD380 变频器的 DI1 输入端，PLC 的输出端 Y0 接 MD380 变频器的 DI5 输入端，PLC 输出侧的 COM0 和 COM3 端子并联后接变频器数字量输入的 COM 端。本任务用 PLC 的开关量输出信号控制电动机的启停，用高速脉冲信号控制电动机的转速。另外，变频器的脉冲给定信号规格为：电压范围为 9 ～ 30 V，频率范围为 0 ～ 100 kHz；脉冲给定只能从多功能输入端子 DI5 输入；PLC 输出端口类型必须用晶体管输出型（MT 型）。

(2) 触摸屏组态效果

本任务完成后的触摸屏组态效果图如图 3-26 所示。画面中包含了电动机的启动、停止按钮，电动机运行指示灯及变频器频率给定的输入框及滑块设定。

(3) 变量对应关系

触摸屏与 PLC 的数据对应关系见表 3-8。

图 3-26　PLC 发脉冲控制变频器
输出频率组态效果图

表 3-8　触摸屏与 PLC 的数据对应关系

触摸屏	启动	停止	电机运行指示	电机频率设定
PLC	M10	M11	Y4	D10

2. 触摸屏组态设计

具体组态过程：单击"静态文字"按钮 Ａ，并放置于画面中适当位置，输入相关文字信息；单击"位状态设置"按钮 ，对启动、停止按钮进行组态设置，如图 3-27、图 3-28 所示；单击"位状态指示灯"按钮 ，对电动机运行指示灯进行组态设置，如图 3-29 所示；单击"数值输入"按钮 和"滑块"按钮 ，对变频器频率给定进行组态设置，如图 3-30 至图 3-33 所示。

图 3-27　启动按钮的组态设置

图 3-28　停止按钮的组态设置

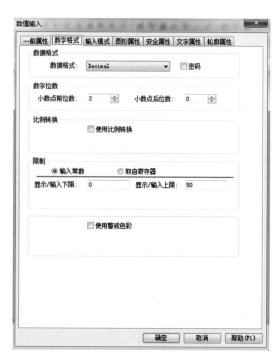

图 3-29　电动机运行指示灯的组态设置

图 3-30　频率设定输入框的组态设置 1　　　　图 3-31　频率设定输入框的组态设置 2

图 3-32　频率设定滑块的组态设置 1

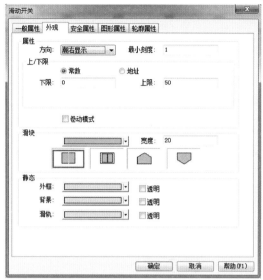

图 3-33　频率设定滑块的组态设置 2

3. 变频器参数设置

按照本任务要求，MD380 变频器的参数设置见表 3-9 所示，其他参数为出厂设置。

表 3-9　MD380 变频器参数设置

参 数 编 号	设 定 值	功 能 说 明
F0-02	1	命令源选择为端子命令通道
F0-03	5	主频率源 X 选择为脉冲设定（DI5）
F0-07	0	频率源叠加选择为主频率源 X
F4-00	1	DI1 端子功能选择为正转运行
F4-04	30	DI5 作为脉冲输入端子
F4-28	0.00 kHz	PULSE 最小输入
F4-29	0.0%	PULSE 最小输入对应设定
F4-30	5.00 kHz	PULSE 最大输入
F4-31	100.0%	PULSE 最大输入对应设定

4. PLC编程

本任务用 PLC 的输出端 Y0 输出高速脉冲信号来控制变频器的输出频率，Y0 端输出 0 ~ 5 kHz 的高速脉冲信号，对应变频器输出频率为 0 ~ 50 Hz，PLC 的输出端 Y4 用于控制电动机的启停。PLC 梯形图程序如图 3-34 所示。

5.运行调试与任务评价

（1）运行调试

PLC 程序和触摸屏程序都设计完成后，分别对其进行下载，下载完成并重启系统后，通过操作触摸屏画面中的"启动""停止"按钮对电动机进行启、停控制，同时可以对变频器频率给定进行设定，设定范围为 0 ~ 50 Hz。

项目 PLC、变频器、伺服、触摸屏典型应用技术

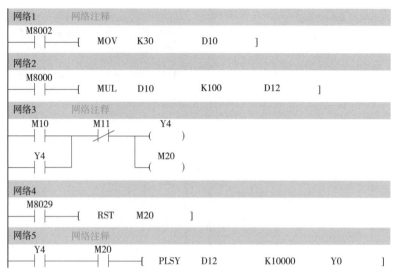

图 3-34　PLC 梯形图程序

（2）任务评价

任务完成后，填写评价表 3-10。

表 3-10　评　价　表

_____学年		工作形式 □个人　□小组分工　□小组		工作时间 45min	
任务	训练内容	训练要求		学生 自评	教师 评分
PLC 发脉冲控制变频器输出频率＋触摸屏	设计硬件系统（35分）	硬件系统设计、安装，35分			
	建立工程（50分）	变频器参数设置，15分； PLC 程序设计，20分； 触摸屏画面组态，15分			
	调试工程（15分）	程序下载，5分； 运行调试，10分			

学生 _____　教师 _____　日期 _____

练习与提高

1. 用汇川 PLC 输出端口发高速脉冲信号来控制变频器的输出频率，并能在触摸屏上对频率进行设定及修改。

2. 查阅资料回答，H2U-1616MT-XP 汇川 PLC 的高速输出端口有几路？输出的最高频率是多少 Hz？

3. PLC 发脉冲控制变频器输出频率的控制要求与本任务相同，若变频器的参数 F4-30 设为 30 kHz，并且 PLC 的高速脉冲输出端口使用 Y1，完成硬件设计、接线，并完成 PLC 程序的设计等，并运行调试。

任务4　PLC通过Modbus网络控制变频器启、停并显示相关运行参数信息

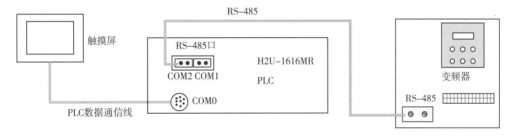 任务布置

　　一台汇川PLC和一台汇川变频器采用Modbus协议进行网络通信，控制变频器运行，并显示变频器运行过程中的运行频率、电压、电流、故障显示、历史信息、运行记录、报警、异常、工作时间等相关运行参数信息。

任务训练

1. 系统设计

（1）系统组成

　　本系统由汇川H2U-1616MR PLC、汇川MD310变频器、24 V开关电源、RS-485数据通信线组成，系统结构图如图3-35所示。

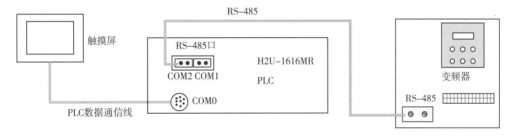

图3-35　汇川PLC+变频器Modbus通信控制系统结构图

　　本任务由汇川H2U系列PLC和汇川变频器进行RS-485串口通信，把运行频率、电压、电流、故障显示、报警等运行参数一一读取出来，可以通过PLC与变频器的通信，控制变频器的正、反转运行。

（2）触摸屏组态效果

　　触摸屏组态效果图如图3-36所示。

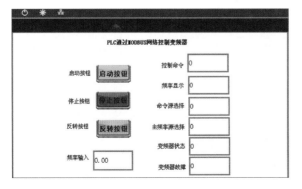

图3-36　触摸屏组态效果图

项目 **3** PLC、变频器、伺服、触摸屏典型应用技术——

105

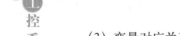
（3）变量对应关系

PLC 和变频器数据对应关系如表 3-11 所示。

表 3-11　触摸屏和 PLC 数据对应关系表

触摸屏功能	频率输入	控制命令	运行频率	命令源选择	主频率源选择	变频器状态	变频器故障
变频器	H1000	H2000	H1001	Hf002	Hf003	H3000	H8000
PLC 地址	D120	D28	D230	D200	D201	D250	D270

2. 触摸屏组态

使用 InoTouch Editor 软件新建工程：项目 3 任务 4 PLC 通过 Modbus 网络控制变频器，如图 3-37 所示。"设备型号"，选择 H2U，"连接端口"选择 COM1，如图 3-38 所示。

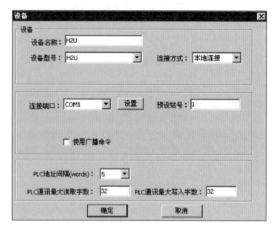

图 3-37　新建工程样例　　　　　　图 3-38　"设备"对话框

启动、停止、反转按钮，频率输入、显示输出等数值框均参照项目 3 任务 1 中组态的设置方法进行设置，触摸屏连接 PLC 时，对应的 PLC 地址参照表 3-11 所示。

3. PLC 编程

首先打开 AutoShop 软件，单击"文件"菜单，选择"新建工程"命令，"工程名"文本框中输入：PLC+ 变频器 Modbus 调试应用。

将 PLC 设置为主站，选用 Modbus 协议通信，如图 3-39 所示。

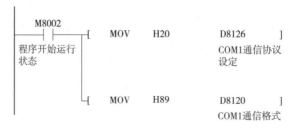

图 3-39　主站通信设置

设置 PLC 写指令模式 H106 到 D10，读指令模式 H103 到 D14。读写个数都是 1，预设置 F0-02 参数为 2，F0-03 参数为 9，如图 3-40 所示。

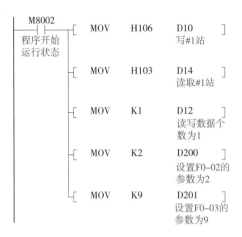

图 3-40　模式设置和参数预置

设置 F0-02 参数为 2，并读出显示，如图 3-41 所示。

图 3-41　设置 F0-02 的参数

设置 F0-03 参数为 9，并读出显示，如图 3-42 所示。

图 3-42　设置 F0-03 的参数

设置 H1000，把 PLC 中 D120 存储的频率值传送给 H1000，输入主频率值的大小，如图 3-43 所示。

图 3-43　主频率值通信输入

读取 H1001，把变频器有的当前运行频率值读出，传送给 PLC 中的 D230，如图 3-44 所示。

M8000
程序运行状态
MODBUS
D14
读取1#站口
H1001
D12
读写数据个数为1
D230
读1#站的运行频率

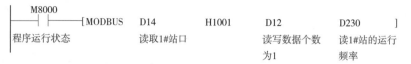

图 3-44　运行频率读出显示

设置 H2000，把 PLC 中 D28 存储的控制信号传送给 H2000，控制变频器的启停和正、反转，及故障复位，如图 3-45 所示。

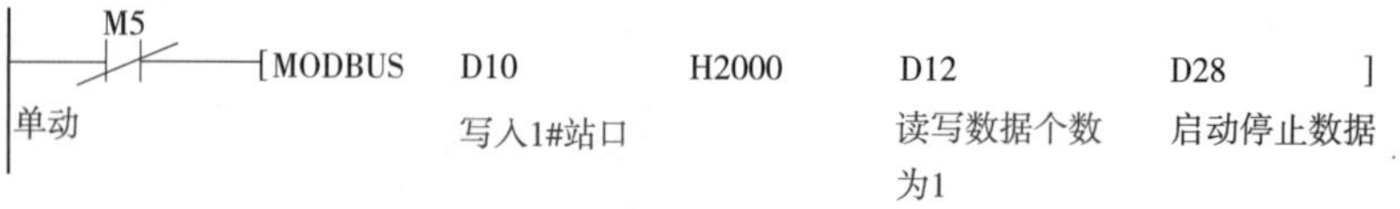
M5
单动
MODBUS
D10
写入1#站口
H2000
D12
读写数据个数为1
D28
启动停止数据

图 3-45　控制命令输入设定

读取 H3000 变频器的运行状态，并传送到 PLC 的 D250 中，如图 3-46 所示。

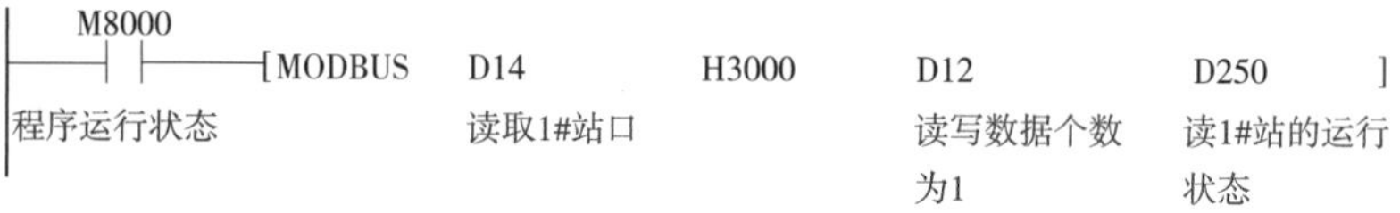
M8000
程序运行状态
MODBUS
D14
读取1#站口
H3000
D12
读写数据个数为1
D250
读1#站的运行状态

图 3-46　变频器运行状态读取

读取 H8000 变频器的故障描述，并传送到 PLC 的 D270 中，如图 3-47 所示。

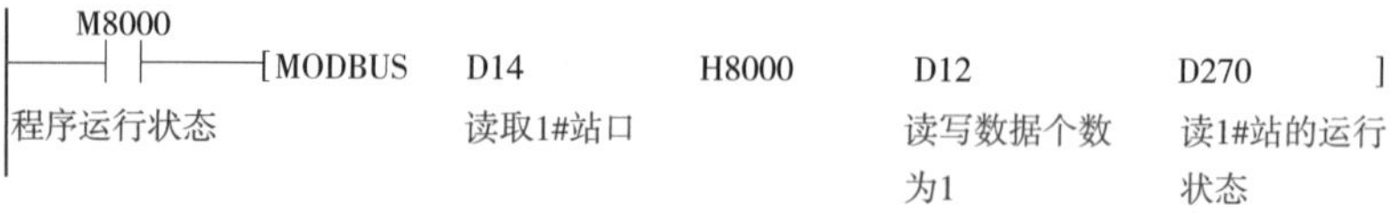
M8000
程序运行状态
MODBUS
D14
读取1#站口
H8000
D12
读写数据个数为1
D270
读1#站的运行状态

图 3-47　变频器故障读出

4. 变频器设置

FD-00=5（波特率设定为 9 600）。

FD-01=0（8 位数据位，无检验，2 位停止位）。

FD-02=1（站号设定为 1）。

FD-05=1（通信协议选择为标准的 Modbus 协议）。

F0-02=2（命令源选择为通信命令通道，通过通信控制变频器启停）。

F0-03=9（主频率源选择为通信给定，通过通信给定运行频率）。

注：如果与多台变频器通信，上述参数设定一致，只需要更改新加入变频器的 FD-02 站号即可。

5. 运行调试与任务评价

（1）运行调试

在 PLC 编程软件 AutoShop 上进行调试，按照操作步骤依次改变 PLC 中 D28 的值为：1、5、2、5，观察各个显示框数值的大小变化，以及变频器的运行频率和旋转方向情况，把运行结果填入表 3-12 中。

表 3-12　　功能测试表

操作步骤 ＼ 观察项目 结果	PLC							变频器	
	频率输入	控制命令	运行频率	命令源选择	主频率源选择	变频器状态	变频器故障	旋转方向	运行频率
	D120	D28	D230	D200	D201	D250	D270		
单击正转按钮									
单击停止按钮									
单击反转按钮									
单击停止按钮									

（2）任务评价

任务完成后，填写评价表 3-13。

表 3-13　评　价　表

＿＿＿＿ 学年		工作形式 □个人　□小组分工　□小组		工作时间 90min
任　务	训 练 内 容	训 练 要 求	学生自评	教师评分
PLC 通过 Modbus 网络控制变频器启、停并显示相关运行参数信息	设计硬件系统（25分）	硬件系统设计、安装，25分		
	建立工程（60分）	选择触摸屏型号以及屏幕类型，10分；选择变频器型号和通信板卡，10分；PLC 程序编写，10分；变频器参数设置，10分；组态界面设计，20分		
	下载工程（15分）	USB 下载，5分；运行调试，10分		

学生 ＿＿＿＿＿　教师 ＿＿＿＿＿　日期 ＿＿＿＿＿

练习与提高

1. 设计汇川PLC控制变频器运行的任务，要求通过Modbus通信输入变频器的运行频率为28 Hz，通过通信控制变频器的启停和正、反转，请设置相关参数并编程调试。

2. 调试汇川PLC控制两台以上的变频器运行，要求：按下启动按钮后，第一台变频器加速到20 Hz，第二台变频器加速到15 Hz，5 s后，两者运行频率切换，运行方向切换。试设计程序，并下载调试。

任务5　触摸屏+PLC+变频器免调试应用

任务布置

- 一台汇川PLC控制一台汇川变频器的启、停及反转运行，通过一台汇川触摸屏来显示变频器运行过程中运行频率、电压、电流、运行时间、故障、报警等相关信息，并能实现变频器的免调试功能。
- 采用两种PLC编程方式，功能码通过PLC修改，更换变频器时参数免调试。即接入或更换新变频器时，变频器参数可以自动初始化，省去参数逐一设置的麻烦。

任务训练

1. 系统发设计

（1）系统组成

本系统由汇川 IT5070T 触摸屏、汇川 H2U–1616MR　PLC、汇川 MD380 变频器、24 V 开关电源、RS–485 数据通信线组成，PLC 的 RS–485+ 和变频器的 RS–485+ 相连，PLC 的 RS–485– 和变频器的 RS–485–相连，系统结构图如图 3–48 所示。

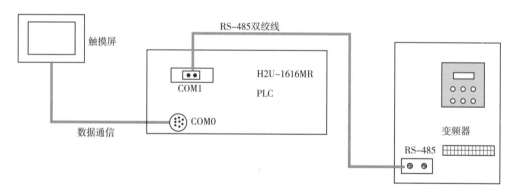

图 3-48　触摸屏 +PLC+ 变频器免调试控制系统结构图

该任务由汇川 H2U 系列 PLC 和汇川变频器进行 RS–485 串口通信，把运行频率、电压、电流、故障、报警等运行参数一一读取出来，可以通过 PLC 与变频器的通信，控制变频器的启停和正反转，并且能实现变频器的免调试功能。

（2）触摸屏组态效果

触摸屏组态效果图如图 3–49 所示。

（3）变量对应关系

触摸屏和 PLC 数据对应关系如表 3–14 所示。

PLC 中频率输入、F0–02、F0–03 等参数均采用掉电保持型寄存器存储，防止数据丢失。F0–17 转换成 Modbus 十六进制的地址为 Hf011。详细参数请参考 MD310 变频器手册。

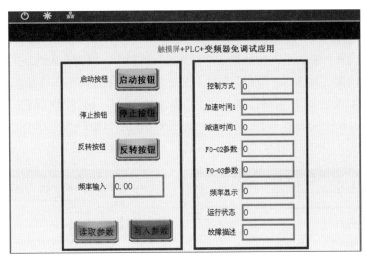

图 3-49　触摸屏和 PLC 组态效果图

表 3-14　触摸屏和 PLC 数据对应关系

触摸屏功能	频率输入	按钮信号	频率显示	控制方式	加速时间 1	减速时间 1	F0-02参数	F0-03参数	运行状态	故障描述
PLC	D500	D28	D230	D600	D601	D602	D501	D502	D250	D270
变频器	H1000	H2000	H1001	F0-01	F0-17	F0-18	F0-02	F0-03	H3000	H8000

2. 触摸屏组态

（1）使用 InoTouch Editor 软件新建工程

新建工程：触摸屏 +PLC+ 变频器免调试应用；然后设置连接设备，"设备型号"选择 H2U，"连接端口"选择 COM1，"预设站号"改为 1，如图 3-50 所示。单击"设置"按钮，进行通信设置，"通信模式"选择 RS-485_2w，"波特率"选择 9600，"数据位"选择 8bits，"检验"选择 None，"停止位"选择 2bits，如图 3-51 所示。

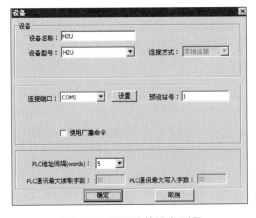

图 3-50　设置连接设备型号

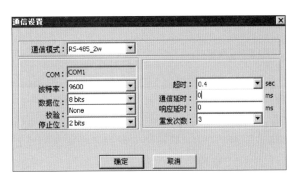

图 3-51　"通信设置"对话框

项目 3　PLC、变频器、伺服、触摸屏典型应用技术

（2）按钮设置

单击"多状态设置"按钮 ⊞，在初始页面中单击，出现一个"多状态设置按钮"，双击该按钮，弹出"多状态设置"对话框，切换到"一般属性"选项卡，单击写入地址的"设置"按钮，弹出"设备信息设置"对话框，"PLC 名称"选择 H2U，"地址类型"选择 D，"地址"设为 28，如图 3-52 所示，然后单击"确定"按钮退出。属性中"方式"选择写入常数，"设置常数"设为 1，如图 3-53 所示，反转按钮的"设置常数"为 2，停止按钮的"设置常数"为 5。最后在"标签属性"选项卡的"内容"文本框中输入文字"启动按钮"，单击"确定"按钮退出，多状态设置完成。

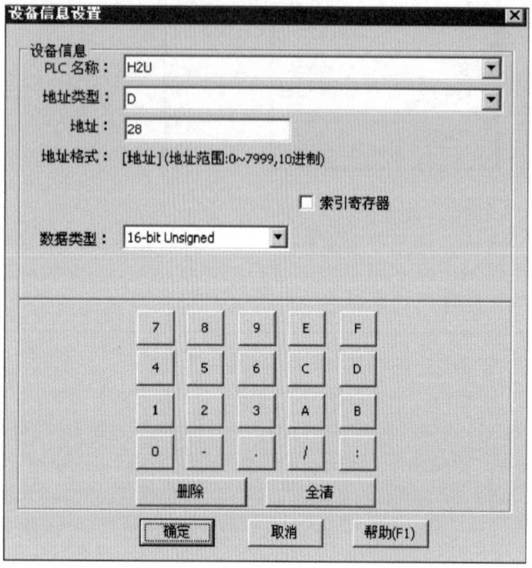

图 3-52　多状态按钮设备信息设置

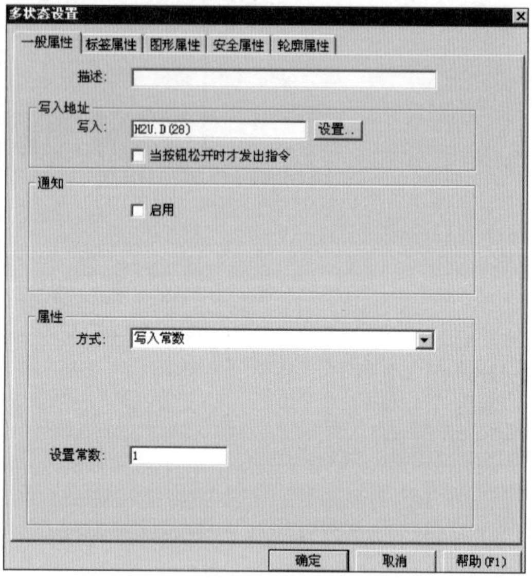

图 3-53　多状态设置图

（3）频率输入

单击"数值输入"按钮 ⚙，在初始页面中单击，出现一个"数值输入框"，双击该数值输入框，弹出"数值输入"对话框，切换到"一般属性"选项卡（见图 3-54），单击"设置"按钮，"PLC 名称"选择 H2U，"地址类型"选择 D，"地址"设为 120，如图 3-55 所示。F0-02 参数、F0-03 参数输入框参照设置，"地址"分别为 D200 和 D201。

切换到"数字格式"选项卡，"数字位数"为小数点前后各两位，选择"使用比例转换"复选框，"比例最大值"设置为 5000，单击"确定"按钮退出，如图 3-56 所示，数值输入设置完成。

（4）频率显示

单击"数值显示"按钮 ⅛，在初始页面中单击，出现一个"数值显示框"，双击该数值显示框，弹出"数值显示"对话框，切换到"一般属性"选项卡，如图 3-57 所示，单击"设置"按钮，弹出"设备信息设置"对话框，如图 3-58 所示，"PLC 名称"选择 H2U，"地址类型"选择 D，"地址"设为 230。运行状态和故障描述参照设置，"地址"分别为 D250 和 D270。

3. PLC编程

首先打开 AutoShop 软件，单击"文件"菜单，选择"新建工程"命令，"工程名"文本框中输入：HMI+PLC+变频器免调试应用。

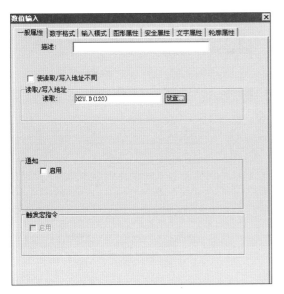

图 3-54　数值输入示意图　　　　　　　　　图 3-55　数值输入设置图

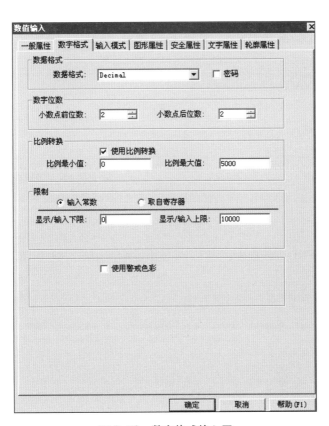

图 3-56　数字格式输入图

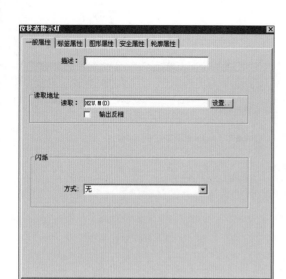

图 3-57　数值显示图

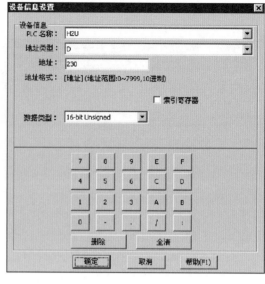

图 3-58　数值显示设置

将 PLC 设置为主站，选用 Modbus 协议通信，PLC 设置详见图 3-39。

设置 PLC 写指令模式 H106 到 D10，读指令模式 H103 到 D14。读写个数都是 1，预设置 F0-02 参数为 2，F0-03 参数为 9，PLC 设置详见图 3-40。

设置 F0-01 参数为 2，并读出显示，如图 3-59 所示。

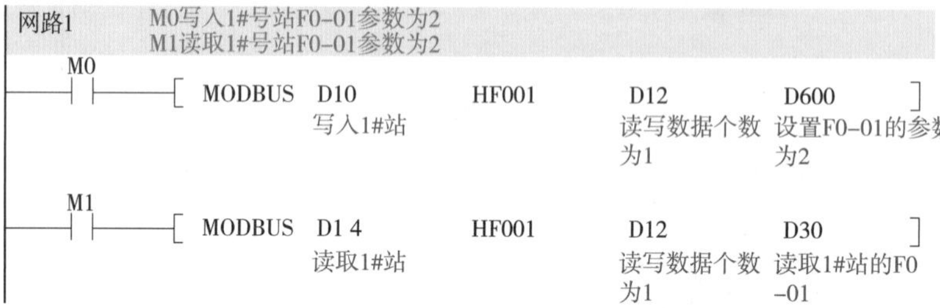

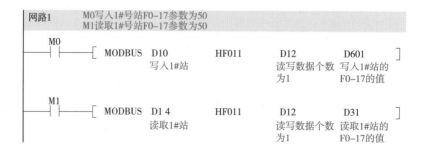

图 3-59　设置 F0-01 参数为 2

设置 F0-17 参数为 50，加速时间为 5 s，并读出显示，如图 3-60 所示。

图 3-60　设置 F0-17 参数为 50

设置 F0-18 参数为 30,减速时间为 3 s,并读出显示,如图 3-61 所示。

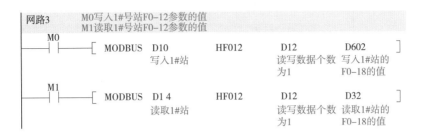

图 3-61 设置 F0-18 参数为 30

设置 H1000,把 PLC 中 D500 存储的频率值传送给 H1000,输入主频率值的大小。

读取 H1001,把变频器当前运行频率值读出,传送给 PLC 中的 D230。

设置 H2000,把 PLC 中 D28 存储的控制信号传送给 H2000,控制变频器的启停和正、反转,及故障复位。

读取 H3000 变频器的运行状态,并传送到 PLC 的 D250 中。

读取 H8000 变频器的故障描述,并传送到 PLC 的 D270 中。

以上设置均参照项目 3 任务 4 进行操作。

4. Modbus 配置方式编程

在汇川 PLC 编程软件里,还能通过 Modbus 配置的方式进行主站 PLC 编程,设置如下:

①打开 AutoShop 编程软件,单击"工程管理"中的"系统参数"命令,切换到"COM1 设置"选项卡,如图 3-62 所示。选中"通信设置操作"复选框,选择"MODBUS-RTU 主站协议"。单击"确定"按钮退出。

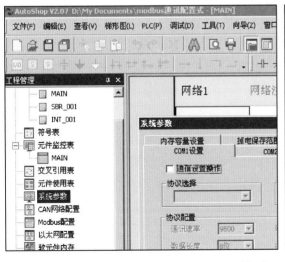

图 3-62 Modbus 配置通信设置

②再单击"工程管理"中的"Modbus 配置"命令,单击新增 Modbus 配置,设置触发条件,如图 3-63 所示。

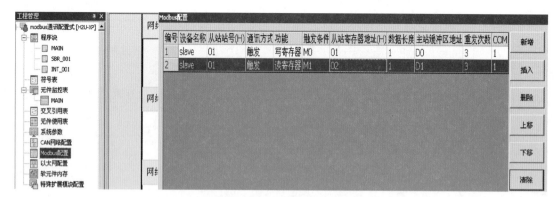

图 3-63 Modbus 配置界面

例如：设置 H1000，启动条件是 M8000，把 PLC 中 D500 存储的频率值传送给 H1000，决定输入主频率值的大小。再通过读取 H1001，把变频器当前运行频率值读出来，传送给 PLC 中的 D230，设置如图 3-64 所示。

变频器其他参数，例如 H2000 等，请参照完成。

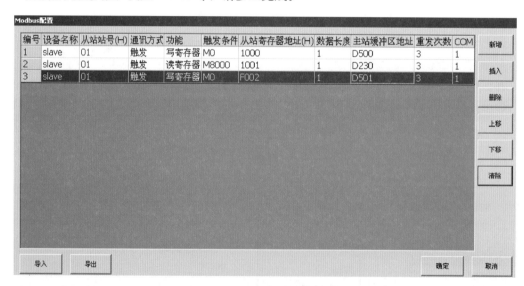

图 3-64　H1000 的 Modbus 配置设置

5. 变频器设置

变频器的通信参数根据 PLC 程序中的 D8120 存储的数据来设置，也可以参照通信网络上的其他设备，如果有多台变频器通信时，通信参数全部一致，只需要更改 FD-02 站号即可。

FD-00=5（波特率设定为 9600）。

FD-01=0（8 位数据位，无检验，2 位停止位）。

FD-02=1（站号设定为 1）。

FD-05=1（通信协议选择为标准的 Modbus 协议）。

F0-02=2（命令源选择为通信命令通道，通过通信控制变频器启停）。

F0-03=9（主频率源选择为通信给定，通过通信给定运行频率）。

6. 运行调试与任务评价

（1）运行调试

调试时，先输入频率，再输入 F0-02 参数、F0-03 参数，然后按照操作步骤依次单击触摸屏上正转按钮、停止按钮、反转按钮、停止按钮，观察各个显示框数值的大小变化，以及变频器的运行频率和旋转方向情况，把运行结果填入表 3-15 中。

表 3-15　功能测试表

操作步骤 \ 观察项目结果	触摸屏									变频器	
	频率输入	频率显示	F0-01显示	F0-17显示	F0-18显示	F0-02显示	F0-03显示	运行状态	故障描述	旋转方向	运行频率
	D500	D230	D600	D601	D602	D501	D502	D250	D270		
单击正转按钮											
单击停止按钮											
单击反转按钮											
单击停止按钮											

（2）任务评价

任务完成后，填写评价表 3-16。

表 3-16　评 价 表

_____ 学年		工作形式 □个人　□小组分工　□小组	工作时间 45min	
任务	训 练 内 容	训 练 要 求	学生自评	教师评分
触摸屏+PLC+变频器免调试应用	设计硬件系统（25分）	硬件系统设计、安装，25分		
	建立工程（60分）	选择触摸屏型号以及屏幕类型，10分； 选择变频器型号和通信板卡，10分； PLC 程序编写，10分； 变频器参数设置，10分； 组态界面设计，20分		
	下载工程（15分）	USB 下载，5分； 运行调试，10分		

学生 _____　教师 _____　日期 _____

练习与提高

1. 设计汇川触摸屏+PLC控制变频器运行的任务，要求通过通信控制变频器的启停，通过通信输入变频器的运行频率大小，并能在触摸屏上实现高中低三段速，第一段运行频率15 Hz，第二段运行频率23 Hz，第三段运行频率38 Hz，并把变频器运行参数显示出来，并且更换一台经过出厂恢复的全新变频器也能实现以上功能，请设置相关参数并编程调试。

2. 调试汇川触摸屏+PLC控制两台以上的变频器运行，要求：第一台变频器加速时，第二台变频器按第一台变频器80%的频率值运行，并能实时跟踪运行，并把各自参数显示到触摸屏上。试设计程序，并下载调试。

▶ 任务6　PLC发脉冲给伺服进行位置控制

 任务布置

了解伺服定位控制和PLC的定位指令，连接 H2U PLC+IS620P 伺服丝杠平台，利用 PLC 发脉冲驱动伺服进行位置控制，使丝杠来回运动。

任务训练

1. 系统设计

伺服控制有三种方式：位置控制、速度控制、转矩控制。其中位置控制应用最为广泛。位置控制是伺服应用的核心。位置控制方式有：

①脉冲输入方式：方向＋脉冲，AB 相，CW/CCW（双脉冲工作方式）；

②通信控制：Modbus，CAN 总线等。

发脉冲控制最简单，应用也最为广泛。

H2U 系列 PLC 提供多种定位指令，包括原点回归，ABS 绝对位置读出，加减速脉冲输出，变速脉冲输出，相对及绝对定位等。

本任务连接 H2U PLC+IS620P 伺服丝杠平台，利用 PLC 发脉冲驱动伺服进行位置控制，使丝杠来回运动。系统由汇川 IT5100T 触摸屏、汇川 H2U1616−MT−XP PLC，IS620P 伺服驱动器、ISMH1−40B30CB−U231Z电动机、24 V 开关电源、丝杠平台等组成，系统结构如图 3−65 所示。

IS620P 伺服驱动器自带回零功能，同时外部零点信号和正反转极限信号直接输入伺服驱动器 DI 端子，节省了 PLC 的 I/O 点。运行过程中，驱动器反馈给 PLC 定位完成信号及伺服故障信号。汇川 PLC 变量分配表如表 3−17 所示。汇川 PLC 与 IS620P 接线图如图 3−66 所示。

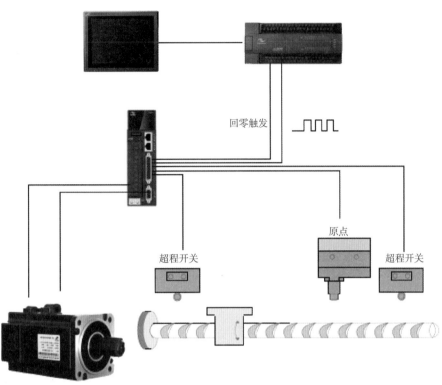

图 3-65　伺服丝杠平台系统结构图

表 3-17　变量分配表

名　称	定　义	名　称	定　义
伺服回零完成	X3	输出脉冲	Y0
伺服定位完成	X4	方向控制	Y1
伺服故障信号	X5	原点回归	Y3
回零启动	M0	伺服使能	Y4
相对定位启动	M10	故障复位	Y5
绝对定位启动	M20	回零锁存	M1
相对脉冲数	D1000	回零完成	M2
相对脉冲频率	D1002	相对定位锁存	M11
绝对脉冲数	D1010	相对定位完成	M12
绝对脉冲频率	D1012	绝对定位锁存	M21
—	—	绝对定位完成	M22

图 3-66　汇川 PLC 与 IS620P 接线图

2.触摸屏组态

（1）使用 InoTouch Editor 软件新建工程

"工程名"文本框中输入：PLC 发脉冲给伺服进行位置控制，如图 3-67 所示。"设备型号"，选择 H2U，"连接端口"选择 COM1，如图 3-68 所示。

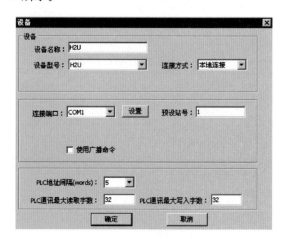

图 3-67　新建工程样例　　　　　　　　　　图 3-68　设备连接

（2）输入文字

单击"静态文字"按钮 ，在初始页面中单击，出现 Text，双击 Text，弹出"静态文字属性"对话框，在"内容"文本框中输入：PLC 直接控制伺服位置控制，如图 3-69 所示，输入完后单击"确定"按钮退出，回零启动、相对定位启动、绝对定位启动、回零完成、相对定位完成、绝对定位完成、伺服回零、伺服使能、故障复位、相对脉冲数、相对脉冲频率、绝对脉冲数、绝对脉冲频率参照设置。

（3）按钮设置

单击"位状态切换开关"按钮 ，在初始页面中单击，出现一个"位状态切换开关"双击"位状态切换开关"，在弹出的对话框中单击读取和写入地址的"设置"按钮，分别把读取和写入的"地址类型"选择 M，"地址"设为 0，"开关类型"改为复归型，

图 3-69　静态文字属性设置

如图 3-70 至图 3-73 所示。相对定位启动按钮参照设置，"地址类型"还是 M，"地址"设为 10；绝对定位启动按钮参照设置，"地址类型"还是 M，"地址"设为 20。

（4）指示灯设置

单击"位状态指示灯"按钮 ，在初始页面中单击，出现一个"位状态指示灯"，双击指示灯，在弹出的对话框中单击"设置"按钮，把"地址类型"改为 M，设置为 M2，如图 3-74、图 3-75 所示，M12、M22、Y3、Y4、Y5 参照设置。

图 3-70　设备的地址选择

图 3-71　位状态切换开关属性设置

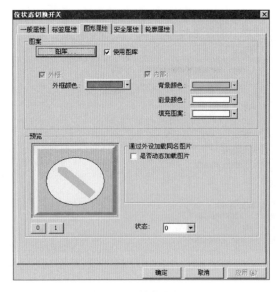

图 3-72　状态 0 设置

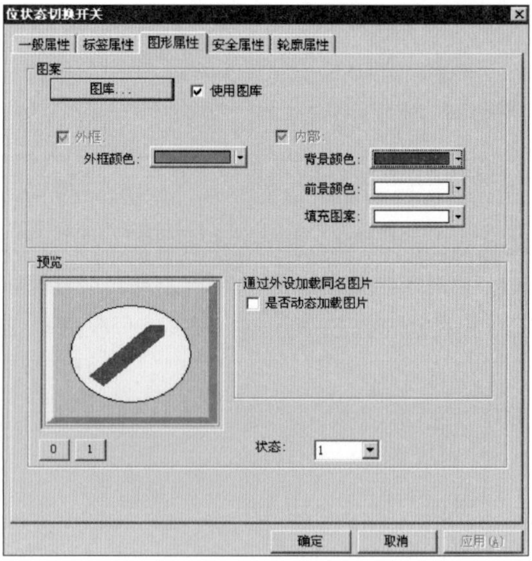

图 3-73　状态 1 设置

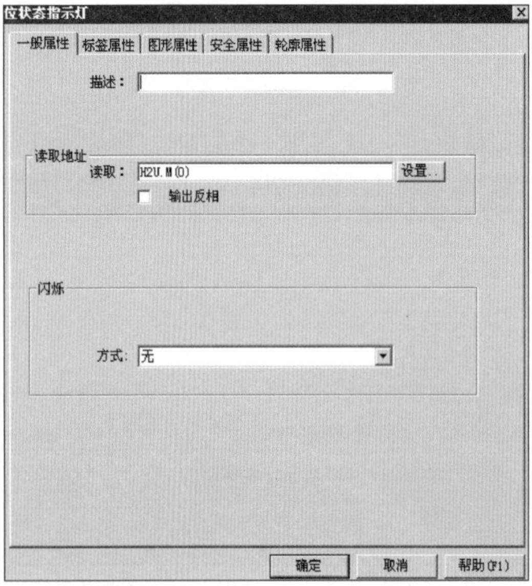

图 3-74　指示灯地址选择

图 3-75　指示灯地址设置

（5）数值输入设置

单击"数值输入"按钮 ![86]，在初始页面中单击，双击出现的文本框，在弹出的对话框中单击"设置"按钮，把"地址类型"改为 D1000，如图 3-76 所示，D1002、D1010、D1012 参照设置。

组态界面完成后，单击"工具"菜单，选择"编译"命令，或者直接按【F5】键。编译成功后，单击"关闭"按钮，如图 3-77 所示。

3.参数设置

汇川伺服电动机为 2500 增量编码器，电子齿轮为按 1∶1 时，伺服电动机单圈脉冲为 $4\times2\,500=10\,000$ 个脉冲/圈。丝杠螺距 3 mm；$3\,000\,\mu m/10\,000=0.3\,\mu m$。理论计算精度：

1 个脉冲对应 0.3 μm。按表 3-18 中的参数设置伺服参数，设置完毕后，将系统断电，重新启动，则参数有效。带负载则需调节 H08 组——增益参数，这里不做具体介绍。

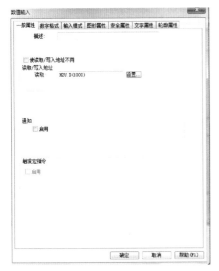

图 3-76　数值输入地址设置

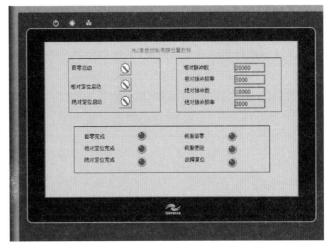

图 3-77　触摸屏下载画面

表 3-18　伺服 IS620P 位置控制模式设置的参数

参　数	说　明	设定值	备　注
H02-00	控制模式选择	1	设置成位置控制模式
H03-02	DI1 功能为正向超程开关	14	
H03-04	DI2 功能为反向超程开关	15	
H03-06	DI3 功能为原点开关	31	
H03-08	DI4 功能为故障复位开关	2	
H03-10	DI5 功能为伺服使能	1	
H03-12	DI6 功能为原点复位	32	
H04-02	DO2 功能为定位完成信号	5	
H04-06	DO4 功能为故障输出信号	11	
H04-08	DO5 功能为伺服回零完成信号	16	
H05-00	位置指令来源	0	位置指令来源于外部脉冲指令
H05-07	电子齿轮分子	1 048 576	
H05-09	电子齿轮分母	10 000	
H05-15	功能选择（设定脉冲和方向控制）	0	用于选择脉冲串输入信号波形
H09-00	参数自调整模式	1	
H09-01	刚性等级设定	16	

4.PLC编程

H2U 系列 PLC 提供多种定位指令，包括原点回归，ABS 绝对位置读出，加减速脉冲输出，变速脉冲输出，相对及绝对定位等。下面利用这些指令进行发脉冲进行位置控制。

①配置脉冲输出参数，设置速度、加减速时间，如图 3-78 所示。

```
M8002                                    ─[ MOV   K100      D8145  ]
│  │─┬─────────────────────────────────         偏置速度
程序开始 │
运行状态 │
        ├─────────────────────────────  ─[ DMOV  K100000   D8146  ]
        │                                        最高速度
        │
        └─────────────────────────────  ─[ MOV   K200      D8148  ]
                                                 加减速时间
```

图 3-78　配置脉冲输出参数

②伺服使能输出控制，只要伺服无故障输出信号即使能，如图 3-79 所示。

```
  X5                                                      Y4
──│／│──────────────────────────────────────────────────( )
伺服故障信号                                            伺服使能
```

图 3-79　伺服使能输出控制

③执行伺服电动机原点回零控制，需要注意回原点使能信号和回原点完成信号的时序关系，本程序在输出回原点使能信号 100 ms 后，再去检测回原点完成信号，如图 3-80 所示。

```
  M0                                            ─[ RST   M0    ]
──│ │─┬──────────────────────────────────               触摸屏回零自动
触摸屏  │
回零自动 │  M1    M8147
       ├─│ │──│／│──────────────────────────  ─[ SET   M1    ]
       │ 伺服回零 Y0脉冲输出                           伺服回零锁存
       │  锁存   监控
       │
       └──────────────────────────────────────  ─[ RST   M2    ]
                                                        回零完成标志

  M1                                                    Y3
──│ │─┬──────────────────────────────────────────────( )
伺服回零 │                                            伺服回零
锁存    │
       │
       ├──────────────────────────────────────  ─( T0    K1    )
       │                                              回零完成信号读取延迟
       │
       │  T0    X3
       └─│ │──│ │──┬───────────────────────  ─[ RST   M1    ]
       回零完成信号 伺服回零 │                         伺服回零锁存
       读取延迟   完成     │
                         │
                         ├─────────────────  ─[ SET   M2    ]
                         │                          回零完成标志
                         │
                         └─────────────────  ─[ DMOV  K0   D8140 ]
                                                    Y0脉冲数累计值
```

图 3-80　执行伺服电动机原点回零控制

④执行相对定位指令，注意伺服定位完成输出时间，程序中 PLC 脉冲输出完成后，再去检测伺服完成定位信号，M8029 为 ON 表示 PLC 的脉冲输出完成，且 M8029 的状态由系统指令的执行情况决定，如图 3-81 所示。

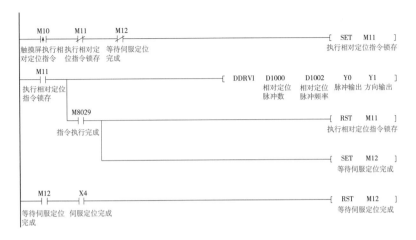

图 3-81 执行相对定位指令

⑤执行绝对定位指令，注意在伺服原点回归完成后，才能执行绝对定位指令。同样，程序中 PLC 脉冲输出完成后，再去检测伺服完成定位信号，M8029 为 ON 表示 PLC 的脉冲输出完成，且 M8029 的状态由系统指令的执行情况决定，如图 3-82 所示。

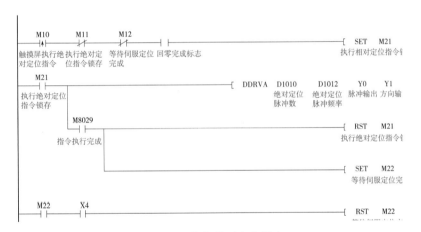

图 3-82 执行绝对定位指令

⑥当伺服出现故障时，应立即复位所有动作，同时回零完成标志位清零，如图 3-83 所示。

图 3-83 复位所有动作

5.运行调试与任务评价

（1）运行调试

联机运行：触摸屏程序下载、PLC 程序下载，设置伺服参数，启动伺服联机运行。在调试中，将运行结果填入表 3-19 中。

125

表3-19 功能测试表

结果 观察项目 操作步骤	回原点	相对定位指示	绝对定位指示	故障指示
初始状态				
回原点启动				
相对定位启动				
绝对定位启动				
故障复位				

（2）任务评价

任务完成后，填写评价表3-20。

表3-20 评 价 表

_____学年		工作形式 □个人 □小组分工 □小组		工作时间 45min	
任 务	训 练 内 容	训 练 要 求		学生自评	教师评分
PLC 发脉冲给伺服 进行位置控制	电路设计（20分）	伺服、PLC、丝杠等选择10分； 电路设计，10分			
	通信连接及程序编写（20分）	PC与PLC通信，5分； 触摸屏画面编写，10分； 下载程序，5分			
	参数设置（20分）	变频器参数设置，10分； 伺服驱动器参数设置，10分			
	功能测试（30分）	伺服位置控制，20分； 滑台移动，10分			
	职业素养与安全意识（10分）	现场安全保护；工具、器材等处理操作符合职业要求；分工合作，配合紧密，遵守纪律，保持工位整洁，10分			

学生 _____ 教师 _____ 日期 _____

练习与思考

1.通过网站了解汇川伺服驱动器IS620P的型号、外观和接口。

2.请计算1个脉冲走多少距离。

3.如何利用PLC进行伺服的速度控制？

4.列举其他位置控制的方式。

任务7 基于PLC Modbus控制的丝杠平台往返运动

 任务布置

通过 Modbus 通信连接 H2U PLC+IS620P 伺服丝杠平台,PLC 通过 Modbus 通信给伺服走多段位置,速度控制,驱动丝杠来回运动。

任务训练

1.系统设计

以触摸屏作为显示监控,PLC 和伺服驱动器 IS620P 进行 Modbus 通信,速度控制,驱动丝杠走多段位置。原点为行程开关,A、B、C 处为接近开关,丝杠来回运动作为工作台的移动距离。要求工作台移动的速度要达到 10 mm/s,丝杠的螺距为 5 mm。丝杠控制组态画面如图 3-84 所示。

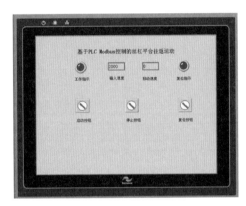

图 3-84 丝杠控制组态画面

系统选用汇川 H2U-1616MT-XP PLC,汇川 IS620P 伺服驱动器,ISMH1-40B30CB-U231Z 伺服电动机、DC 24 V 电源、接近开关、限位开关、开关电源、汇川 IT5100T 触摸屏等组成。触摸屏 IT5100T 实现实时监视与控制。丝杠平台安装实物图如图 3-85 所示。

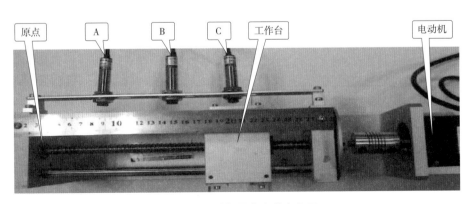

图 3-85 丝杠平台安装实物图

项目 **3** PLC、变频器、伺服、触摸屏典型应用技术——

触摸屏、PLC 与伺服 Modbus 通信接线示意图如图 3-86 所示。

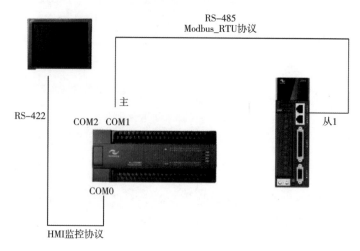

图 3-86　触摸屏、PLC 与伺服 Modbus 通信接线示意图

触摸屏、PLC 与伺服驱动器连接所用的内存和内部继电器分配如表 3-21 所示。

表 3-21　变量分配表

名　称	定　义	名　称	定　义
C 点接近开关	X2	方向控制	M0
B 点接近开关	X3	运行指示	M20
A 点接近开关	X4	复位指示	M10
原点限位开关	X6	原点指示	M11
启动按钮	M50	急停按钮	M53
停止按钮	M51	通信地址	D2
复位按钮	M52	伺服写入速度	D4
写入伺服地址	D0	伺服读出速度	D14
读取伺服地址	D1		

2. 组态设计

（1）使用 InoTouch Editor 软件新建工程

"工程名"文本框中输入：基于 PLC Modbus 控制的丝杠平台往返运动，如图 3-87 所示。"设备型号"，选择 H2U，"连接端口"选择 COM0，如图 3-88 所示。

（2）输入文字

单击"静态文字"按钮 $\boldsymbol{A}$，在初始页面中单击，出现 Text，双击 Text，弹出"静态文字属性"对话框，在"内容"文本框中输入：基于 PLC 控制的丝杠平台往返运动，如图 3-89 所示，输入完成后，单击"确定"按钮退出，工作指示、移动距离、复位指示参照设置。

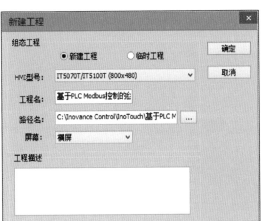

图 3-87　新建工程样例

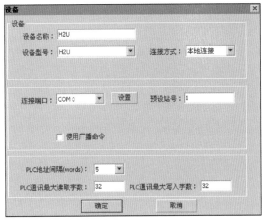

图 3-88　设备连接

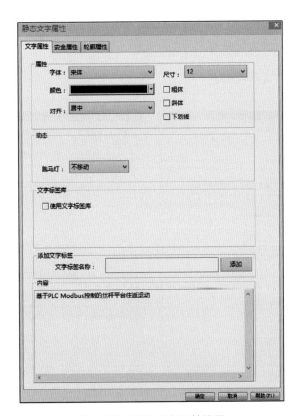

图 3-89　静态文字属性设置

（3）按钮设置

　　单击"位状态切换开关"按钮 ，在初始页面中单击，出现一个"位状态切换开关"，双击"位状态切换开关"，在弹出的对话框中单击读取和写入地址的"设置"按钮，分别把读取和写入的"地址类型"选择 M，"地址"设为 50 ，"开关类型"改为复归型，如图 3-90 至图 3-93 所示。停止按钮参照设置，"地址类型"还是 M，"地址"改为 51；复位按钮参照设置，"地址类型"还是 M，"地址"设为 52。

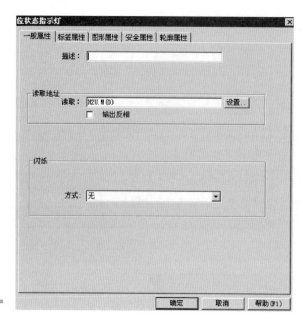

图 3-90 设备的地址选择

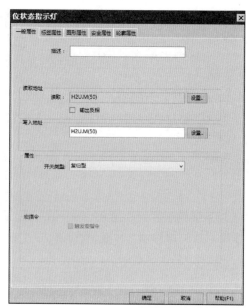

图 3-91 位状态切换开关属性设置

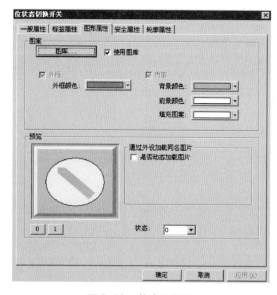

图 3-92 状态 0 设置

图 3-93 状态 1 设置

（4）指示灯设置

单击"位状态指示灯"按钮 ，在初始页面中单击，出现一个"位状态指示灯"双击指示灯，在弹出的对话框中单击"设置"按钮，把"地址类型"改为 M，设置为 M20 和 M10，如图 3-94、图 3-95 所示。

（5）数值显示设置

单击数值显示按钮 ，在初始页面中单击，双击出现的文本框，在弹出的对话框中单击"设置"按钮把"地址类型"改为 D14，如图 3-96 所示。

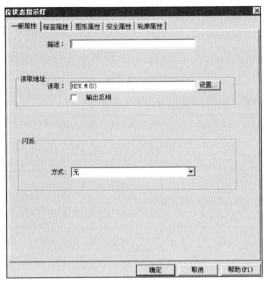

图 3-94　位状态指示灯地址选择　　　　　　图 3-95　位状态指示灯地址设置

（6）数值输入设置

单击数值输入按钮 ，在初始页面中单击，双击出现的文本框，在弹出的对话框中，单击"设置"按钮，把"地址类型"改为 D4，如图 3-97 所示。

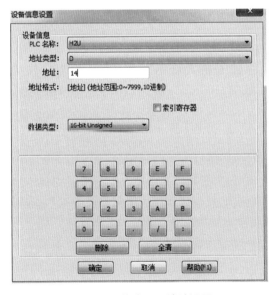

图 3-96　数值显示地址设置

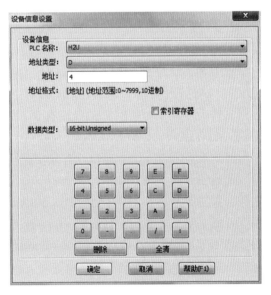

图 3-97　数值输入地址设置

组态界面完成后，单击"工具"菜单，选择"编译"命令，或者直接按【F5】键。编译成功后，单击"关闭"按钮。

3. 参数设置

伺服驱动器 IS620P 默认的是位置模式，要设置成速度模式（H02 组参数），然后对 H06 组参数进行设定来控制伺服电动机的转速，当然伺服必须使能后才能运转。

汇川伺服电动机为 2500 增量编码器，电子齿轮比为 1∶1 时，伺服电动机单圈脉冲为 4×2 500=10 000 脉冲/圈。丝杠螺距 5 mm；5 000 μm/10 000=0.5 μm。理论计算精度：1 个脉冲对应 0.5 μm。按表 3-22 中的参数设置伺服参数，设置完毕后，系统断电，重新启动，则参数有效。

表 3-22　伺服驱动器 IS620P Modbus 通信速率控制模式要设置的参数

参　数	名　称	设定值	说　明
H0C-00=1	伺服轴地址	1	表示伺服设为 1 号站
H0C-02=2	串口波特率	2	表示波特率是 9 600
H0C-03=0	数据格式	0	表示无检验，2 个停止位
H0C-09=1	通信 VDI	1	使用 VDI，伺服使能
H02-00=0	控制模式选择	0	设置为速度控制模式
H05-07	电子齿轮分子	10 000	—
H05-09	电子齿轮分母	10 000	—
H06-02	速度指令来源	4	通信给定
H17-00	VDI1 端子功能选择	26	通信速度方向给定
H0C-26	Modbus 通信高低位顺序	1	低 16 位在前，高 16 位在后

4.PLC编程

H2U/H1U 作为 Modbus 主站时，只要记住帧的格式就可以了。H2U/H1U 作为 Modbus 从站时，支持 MODBUS 的 0x01，0x03，0x05，0x06，0x0f，0x10 等通信操作命令；通过这些命令，可读写 PLC 的线圈有 M，S，T，C，X（只读），Y 等变量；寄存器变量有 D，T，C。

PLC 和伺服 Modbus 通信，首先要进行通信协议和通信格式以及站号的设置。Modbus 协议的通信设置：将 D8126 设定为 H20（RTU），Modbus 指令将以 Modbus 通信协议进行通信。其格式为 [RS S1 S2 n D]，其中寄存器定义如下：S1 为从机地址（高字节）、通信明了（低字节，其中 01：读线圈，03：读寄存器，05：写单线圈，06：写单寄存器，15：写多个线圈等）；S2 为访问从站的寄存器起始位置号；n 为欲读或写的数据长度；D 为读或写数据的寄放单元起始地址。程序如下：

①通信时把伺服驱动器设为 1 号站，波特率是 9 600，无检验。伺服写入 D0，读伺服 D1，个数为 1 个，方向赋值 D6，PLC 程序如图 3-98 所示。

②把触摸屏上伺服的转速 D4 写入 H31-09 中，同时把 H0B-00 中的伺服速度读入 D14，放到触摸屏上，这样就可以在触摸屏上监视伺服电动机的转速了，PLC 程序如图 3-99 所示。

③ M0 方向控制导通时，把速度指令方向设定 D6 的值写入到 H17-00 中，进行旋转方向选择，PLC 程序如图 3-100 所示。

图 3-98 通信设置

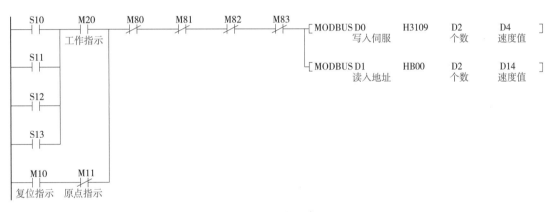

图 3-99 转速读写

图 3-100 方向控制

④按下触摸屏上的启动 M50 按钮,电动机旋转,拖动工作台从原点开始向右行驶,到达 A 点,停 5 s,然后继续向右行驶,到达 B 点,停 5 s,然后继续向右行驶,到达 C 点,停 3 s,电动机反转返回原点,再停 1 s,如此循环运行,按下触摸屏上停止(或急停)按钮,工作台停止运行;按回原点按钮后,工作台返回原点;按启动按钮,重新启动。PLC 程序如图 3-101 所示。

5. 运行调试与任务评价

(1)运行调试

联机运行:触摸屏程序下载、PLC 程序下载,设置伺服参数,启动伺服联机运行。丝杠到达 A、B、C 位置,进行来回往返运动正常。

项目 3 PLC、变频器、伺服、触摸屏典型应用技术——

133

控系统安装与调试

134

```
M8002─┬──────────────────────────────────[ZRST  M0    M100]
      └──────────────────────────────────[ZRST  S10   S500]
M52   M10   X006
─┤├───┤/├───┤/├─────────────────────────[SET   M10 ]
                  │───────────────────────[RST   M0  ]
                  └──────────────────────[ZRST  M80   M85]
X006
─┤├────────────────────────────────────[SET   M11 ]
M50   M10   M20
─┤├───┬┤├───┤/├──────────────────────────[SET   M20 ]
      ├X006               │──────────────[SET   M0  ]
M51   M20
─┤├───┤├─────┬───────────────────────────[RST   M20 ]
            │────────────────────────────[RST   M10 ]
            │────────────────────────────[RST   M11 ]
            └───────────────────────────[ZRST  S0    S500]
──────────────────────────────────────────[STL   S0  ]
M8000 M10                                        K5
─┤├───┤├───┬─────────────────────────────(T200)
X006  │
─┤├───┤/├──┴──────────────────────────────[RST   M83 ]
T200
─┤├────────────────────────────────────[SET   S10 ]
──────────────────────────────────────────[STL   S10 ]
M8000
─┤├──┬───────────────────────────────────[SET   M0  ]
     └X004
      ┤├──────────────────────────────────[SET   M80 ]
M80                                              K50
─┤├───────────────────────────────────────(T3)
T3
─┤├────────────────────────────────────[SET   S11 ]
──────────────────────────────────────────[STL   S11 ]
M8000
─┤├──┬───────────────────────────────────[RST   M80 ]
     │────────────────────────────────────[SET   M0  ]
     └X003
      ┤├──────────────────────────────────[SET   M81 ]
M81                                              K50
─┤├───────────────────────────────────────(T5)
T5
─┤├────────────────────────────────────[SET   S12 ]
──────────────────────────────────────────[STL   S12 ]
M8000
─┤├──┬───────────────────────────────────[RST   M81 ]
     │────────────────────────────────────[SET   M0  ]
     └X002
      ┤├──────────────────────────────────[SET   M82 ]
M82                                              K30
─┤├───────────────────────────────────────(T20)
T20
─┤├────────────────────────────────────[SET   S13 ]
──────────────────────────────────────────[STL   S13 ]
M8000
─┤├──┬───────────────────────────────────[RST   M82 ]
     │────────────────────────────────────[RST   M0  ]
     └X006
      ┤├──────────────────────────────────[SET   M83 ]
M83                                              K10
─┤├───────────────────────────────────────(T10)
T10
─┤├────────────────────────────────────[SET   S0  ]
──────────────────────────────────────────[RET ]
```

图 3-101　丝杠往返运动程序

在调试中，将结果填入功能测试表 3-23。

表 3-23　功能测试表

操作步骤＼结果＼观察项目	原点	位置 A	位置 B	位置 C	工作台移动速度
初始状态					
启动					
停止					
复位					

（2）任务评价

任务完成后，填写评价表 3-24。

表 3-24　评　价　表

＿＿＿学年		工作形式 □个人　□小组分工　□小组		工作时间 45min
任务	训练内容	训练要求	学生自评	教师评分
基于 PLC Modbus 控制的丝杠平台往返运动	电路设计（20 分）	伺服、PLC、丝杠等选择，10 分 电路设计，10 分		
	组态画面设计及参数设置（20 分）	组态画面设计，10 分 参数设置，10 分		
	程序编写（20 分）	PC 与 PLC 通信，5 分； 触摸屏画面编写，10 分； 下载程序，5 分		
	功能测试（30 分）	位置控制，10 分； 滑台移动，10 分； 数据显示功能，10 分		
	职业素养与安全意识（10 分）	现场安全保护；工具、器材等处理操作符合职业要求；分工合作，配合紧密；遵守纪律，保持工位整洁，10 分		

学生＿＿＿＿＿＿　教师＿＿＿＿＿＿　日期＿＿＿＿＿＿

练习与提高

1. 如果按下急停按钮，滑台停止，松开后继续运行，程序如何设计？
2. 列举其他通信方式。
3. 如何通过通信，利用 PLC 进行伺服的转矩控制？

 任务8　PLC与变频器伺服CAN通信

 任务布置

由一台H2U-1616MT-XP　PLC、一台MD380变频器和一个IS620P伺服驱动器组成CANlink网络，要求变频器和伺服，分别为速度模式和位置模式。

任务训练

1.系统设计

由一台 H2U-1616MT-XP　PLC、一台MD380 变频器和一个 IS620P 伺服驱动器组成CANlink 网络。要求 PLC 控制变频器加速运行 20 s 后自由停机 20 s。要求伺服第一段正向运行 800 000 个指令单位，第二段反向运行500 000 个指令单位，第三段反向运行 300 000个指令单位。第一二段间隔 1 s，第二三段间隔 1 s，第三段完成后 5 s 重复上述运行过程。PLC 作为主站，站号为 63，从站为 1 号站伺服，MD380 变频器为 2 号从站。设备连接框图如图 3-102 所示。

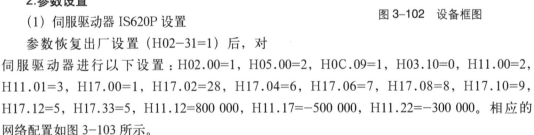

RS-485

CANlink

图 3-102　设备框图

2.参数设置

（1）伺服驱动器 IS620P 设置

参数恢复出厂设置（H02-31=1）后，对伺服驱动器进行以下设置：H02.00=1，H05.00=2，H0C.09=1，H03.10=0，H11.00=2，H11.01=3，H17.00=1，H17.02=28，H17.04=6，H17.06=7，H17.08=8，H17.10=9，H17.12=5，H17.33=5，H11.12=800 000，H11.17=−500 000，H11.22=−300 000。相应的网络配置如图 3-103 所示。

（2）变频器 MD380 参数设置

首先来配置变频器相关的操作，Fd-02=2（站号）、Fd-00 的千位为 5（波特率）、F0-02=2（通信命令通道）、F0-03=3（主频率源 X 为 AI2）。相应的网络配置如图 3-104所示。

H2U 系列 PLC 能自动识别 CAN 卡，不需要做任何设置。

①默认传输速率是 500 kbit/s（可以通过 7 号拨码开关选择传输速率为 100 kbit/s）。

② CANlink 协议中设备最小地址为 1，最大地址为 63。

③首尾设备最好把拨码开关（选择终端电阻器）置为 1。

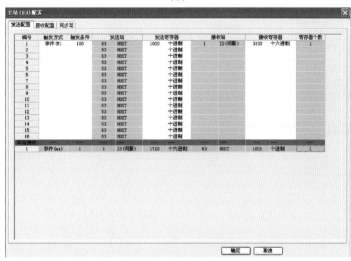

（a）

（b）

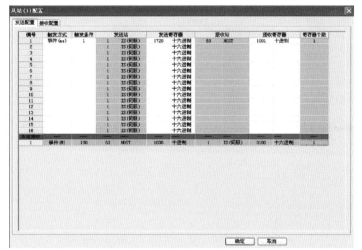

（c）

图 3-103　伺服网络配置图

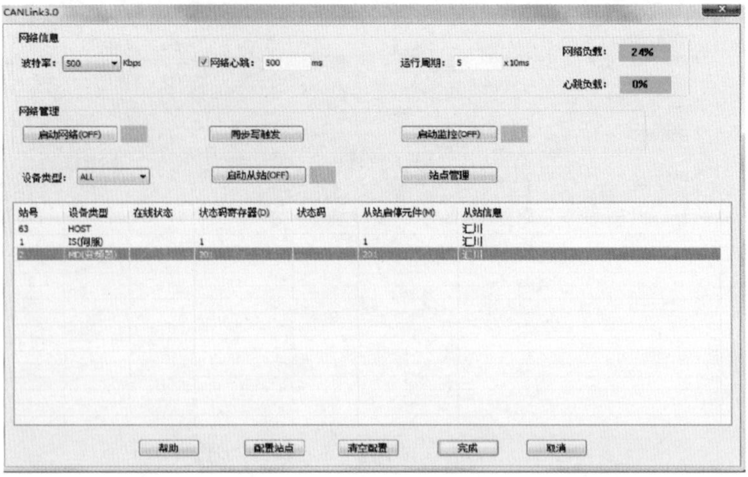

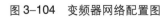

(a)

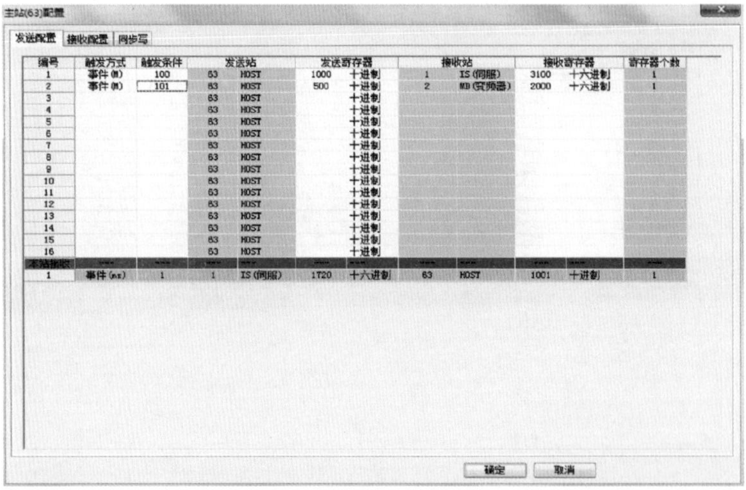

(b)

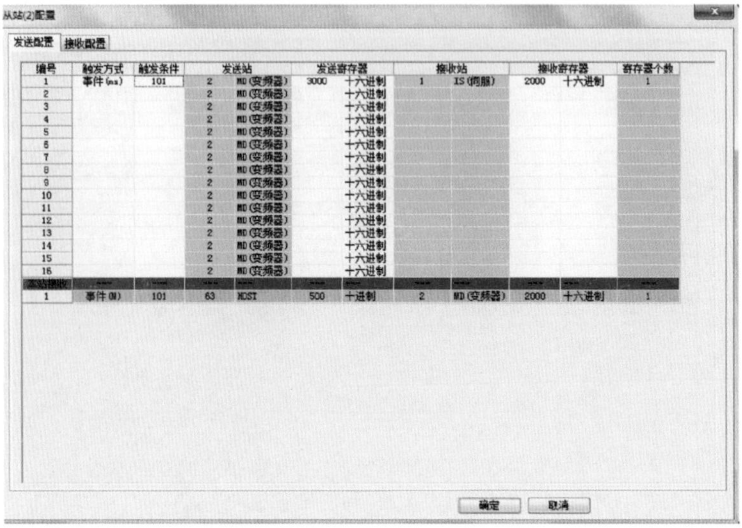

(c)

图 3-104　变频器网络配置图

3. 程序设计

PLC 中变频器运行控制程序如图 3-105 所示。

PLC 中伺服运行控制程序如图 3-106 所示。

4. 运行调试与任务评价

（1）运行调试

联机运行：PLC 程序下载，设置变频器、伺服参数，启动变频器、伺服联机运行。

在调试中，将结果填入功能测试表 3-25 中。伺服第一段正向运行 800 000 个指令单位，第二段反向运行 500 000 个指令单位，第三段反向运行 300 000 个指令单位。第一二段中间间隔 1 s，第二三段中间间隔 1 s，第三段完成后 5 s 重复上述运行过程。

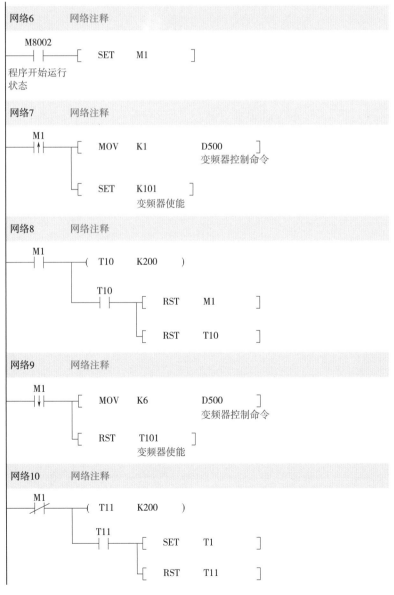

图 3-105　PLC 中变频器运行控制程序

网络1　首段开始，正向运行

M8002
程序开始运行状态
[MOV　K1　　　D2
　　　　　　　计步]

[=　D2　　K1
　　　计步]
[MOV　H1　　　D1000
　　　　　　　　VDI]

M8290
网络启停控制
[SET　M100
　　　　VDI写入触发]

M100　　　M8290
VDI写入触发　网络启停控制
[MOV　H3　　　D1000
　　　　　　　　VDI]

[SET　M100
　　　　VDI写入触发]

[MOV　K2　　　D2
　　　　　　　计步]

网络2　首段到达检测，到达后终止多段使能，指向第二段同时调转运行方向，使能第二段运行

[=　D2　　K2
　　　计步]
(T101　　K10)
首段定位信号
延时10ms

T101
首段定位信号
延时10ms
[WAND　D1001　H1　　　D1002
　　　　　　VDO　　　　　到达判断]

[=　D1002　H1
　　　到达判断]　[SET　M2
　　　　　　　　　　首段到达]

M2
首段到达
[MOV　H45　　　D1000
　　　　　　　　VDI]

[SET　M100
　　　　VDI写入触发]

M2
首段到达
(T0　　K10)
首段到达延时
1s

T0
首段到达延时
1s
[MOV　K3　　　D2
　　　　　　　计步]

[RST　M2
　　　　首段到达]

[MOV　M47　　　D1000
　　　　　　　　VDI]

[SET　M100
　　　　VDI写入触发]

M2
首段到达
(T1　　K1000)
首段到达超时
100s

T1
首段到达超时
100s
[MOV　K0　　　D2
　　　　　　　计步]

图 3-106　PLC 中伺服运行控制程序

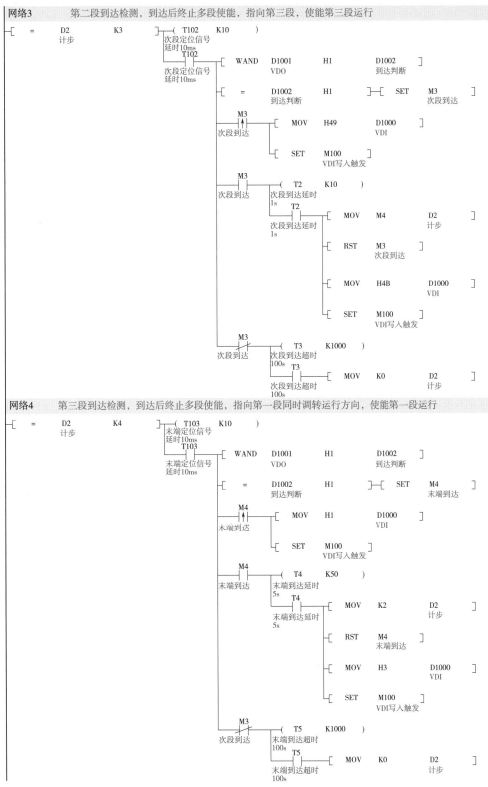

图 3-106　PLC 中伺服运行控制程序（续 1）

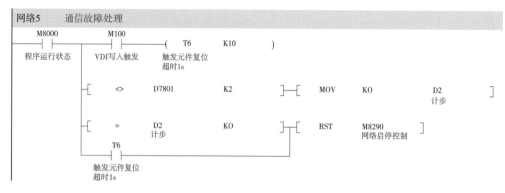

图 3-106　PLC 中伺服运行控制程序（续 2）

表 3-25　功能测试表

操作步骤 \ 观察项目 结果	变频器加速 20 s	变频器停止 20 s	伺服第一段正向运行	停 1 s	伺服第二段反向运行	停 1 s	伺服第三段反向运行	停 5 s
初始状态								
启动								
停止								

（2）任务评价

任务完成后，填写评价表 3-26。

表 3-26　评 价 表

_____ 学年		工作形式 □个人　□小组分工　□小组		工作时间 45min	
任务	训 练 内 容	训 练 要 求		学生自评	教师评分
PLC与变频器伺服CAN通信	电路设计（20分）	伺服、PLC、变频器等选择，10分； 电路设计，10分			
	通信连接及程序编写（20分）	CAN通信，5分； 编写，10分； 下载程序，5分			
	参数设置（20分）	变频器参数设置，10分； 伺服驱动器参数设置，10分			
	功能测试（30分）	变频器运行停止控制，10分； 伺服三段正反转控制，20分			
	职业素养与安全意识（10分）	现场安全保护；工具、器材等处理操作符合职业要求；分工合作，配合紧密；遵守纪律，保持工位整洁，10分			

学生 _____　教师 _____　日期 _____

练习与提高

1.CANlink网络中还有哪些指令？
2.高速计数器中断如何使用？
3.CANlink中FROM，TO指令应用在哪些场合？

 任务9　PLC与变频器伺服Modbus通信

 **任务布置**

汇川 H2U 和汇川伺服驱动器 IS620P、汇川变频器 M380 进行 Modbus 通信连接，PLC 作为主站，伺服、变频器作为从站进行速度控制。

任务训练

1. 系统设计

在使用到 PLC 与变频器、伺服通信的设备中，汇川 H2U 系列 PLC 应用 Modbus 指令与变频器、伺服驱动器通信能较为轻松实现。Modbus 指令对串口 COM0 和 COM1 均有效，串口可直接在指令参数中指定（目前仅对 COM1 有效）。用户可通过 Modbus 指令编程，把 PLC 作为主站与 Modbus 从站设备通信。

该设备主要采用汇川 H2U-1616MT-XP PLC 与汇川 MD380 变频器、汇川伺服驱动器 IS620P 通过 Modbus 通信连接。PLC 和变频器，伺服走 Modbus 网络通信协议的接线图如图 3-107 所示。

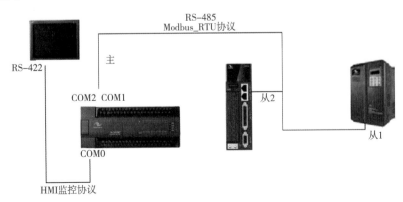

图 3-107　Modbus 网络通信协议的接线图

本任务主要描述汇川 H2U 和汇川 IS620P 的 Modbus_RTU 通信连接。可以通过配表或程序两种方式实现。本任务以写速度（H06-03）和读速度（H0B-00）为例说明。

H2U 系列 PLC 的 COM0 通信口采用 HMI 监控协议与触摸屏通信。

COM1 口用于与 MD 系列变频器的 Modbus 通信。RS-485 接口的信号线连接如下：H2U 的 COM1 通信口的 485+ 连接 MD380 接线端子的 485+，485- 与 485- 相连接，MD380 接线端子的 485+ 连接 IS620P 伺服 CN3 的 485+，485- 与 485- 相连。

2.参数设置

（1）变频器 MD380 参数设置

变频器的通信协议为 Modbus_RTU 从站，其默认地址为 #1，通信波特率 9 600，8N2，只需初始化 MD380 后，就会是该设置，被动响应外部控制。若参数已经改动，则变频器参数须设置为：

FD-00=5(波特率为 9600)；FD-01=0(表示 8N2)；FD-02=1(表示变频器的站号)FD-05=1(通信协议选择为标准的 Modbus 协议)；F0-02=2(命令源位选择为通信命令通道，通过通信控制变频器启停)；F0-03=9(主频率源选择为通信给定，通过通信给定运行频率)。

（2）伺服 IS620P 参数设置

通过 Modbus 通信方式设置电子齿轮比 H0507/H0509；分子高位 H0508 低位 H0507、分母高位 H0510 低位 H0509；通信参数 H0C-00=2(表示伺服设为 2 号站)；H0C-02=2(表示波特率是 9 600)；H0C-03=0(表示无检验)。具体参数如表 3-27 所示。

表 3-27 具 体 参 数

参 数	名 称	设 定 值	说 明
H0C-00=2	伺服轴地址	2	表示伺服设为 2 号站
H0C-02=2	串口波特率	2	表示波特率是 9600
H0C-03=0	数据格式	0	表示无检验，2 个停止位
H02-00=0	控制模式选择	0	设置成速度控制模式
H06-02	速度指令来源	4	通信给定
H0C-26	Modbus 通信高低位顺序	1	低 16 位在前，高 16 位在后

3.程序设计

（1）PLC 程序的编写

首先将 PLC 的 COM0 口设为（默认的）HMI 监控协议，方便编程下载。

COM0 口：协议 D8116＝H01（下载与 HMI 监控协议）。COM1 口：协议 D8126=H20；格式 D8120=H89（Modbus 主站，波特率 9 600，8 位数据位，无检验，2 位停止位）。

（2）变频器控制程序

①设置变频器通信协议和参数，如图 3-108 所示。

首先，将 D8126=H20,D8120＝H89 赋值,就等于将 COM1 口设定为 Modbus_RTU 协议,波特率 9 600，8N2，此后 RS 指令对 COM1 口的操作自动按 Modbus 协议格式处理。

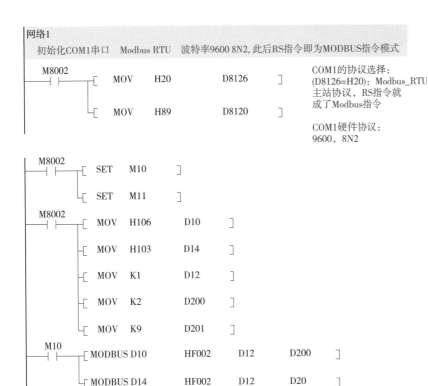

图 3-108　设置变频器通信协议和参数

第 1、2 逻辑行，置位 M10、M11。

第 3 逻辑行，将 H106 送 D10，高字节设定变频器的站号 (01)，设置为 #1；低字节用于设置 Modbus 指令的命令字，06 为通信写寄存器命令字。

第 4 逻辑行，将 H103 送 D14，高字节设定变频器的站号 (01)，设置为 #1；低字节用于设置 Modbus 指令的命令字，03 为通信读寄存器命令字。

第 5 逻辑行，将 K1 送 D12，设置读、写数据个数为 1。

第 6 逻辑行，将 K2 送 D200，设置 F0-02 的参数值为 2。

第 7 逻辑行，将 K9 送 D201，设置 F0-03 的参数值为 9。

第 8 逻辑行，利用 Modbus 指令向变频器 F0-02 参数单元写入常数 2，即设置 F0-02=2。

第 9 逻辑行，利用 Modbus 指令读出变频器 F0-02 参数单元的数据送 D20。

第 10 逻辑行，如果 D20=2，F0-02=2，复位 M10。

第 11 逻辑行，利用 Modbus 指令向变频器 F0-03 参数单元写入常数 9，即设置 F0-03=9。

第 12 逻辑行，利用 Modbus 指令读出变频器 F0-03 参数单元的数据送 D21。

第 13 逻辑行，如果 D21=9，即 F0-03=9，复位 M11。

②控制变频器的运行，如图 3-109 所示。

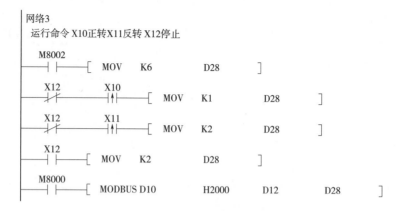

图 3-109　控制变频器的运行

第 1 逻辑行，将 K6 送 D28，设置变频器的初始状态为减速停机。

第 2 逻辑行，停止状态时，按下正转按钮 X10，将 Kl 送 D28，控制变频器正转运行。

第 3 逻辑行，停止状态时，按下反转按钮 X11，将 K2 送 D28，控制变频器反转运行。

第 4 逻辑行，按下停止按钮 X12，将 K6 送 D28，控制变频器减速停机。

第 5 逻辑行，通过 Modbus 指令，将 D28 内数据送变频器 H2000 单元，控制变频器的运行。

③写入变频器的运行频率，如图 3-110 所示。

图 3-110　写入变频器的运行频率

下达给变频器的频率指令，并不是以 0.01 Hz 为量纲的数据，而是相对于"最大频率"的百分值，K10000 为满刻度，发送前需要换算一下，例如，变频器最大频率为 50.00 Hz，希望以 40.00 Hz 运行，需要发送的数据为 40.00×K10 000/50.00=K8 000。本例中将 K10 000/K5 000 直接以 K2 代替，实际编程中若最大频率不是 50.00 Hz，最好如实地用指令进行计算，指令采用循环发送。

④读取变频器运行时的数据，如图 3-111 所示。

通过 Modbus 指令读取 H1001 运行频率数据送 D30。

通过 Modbus 指令读取 H1002 母线电压数据送 D31。

通过 Modbus 指令读取 H1003 输出电压数据送 D32。

通过 Modbus 指令读取 H1004 输出电流数据送 D33。

通过 Modbus 指令读取 H1005 输出功率数据送 D34。

⑤伺服控制程序，如图 3-112 所示。

第 1 逻辑行，将 H206 送 D0，设定伺服的站号 (02)，设置为 #2;06 为通信写寄存器命令字。

网络5

读取变频器状态，D30为运行频率；D31母线电压；D32输出电压；D33输出电流；D34输出功率

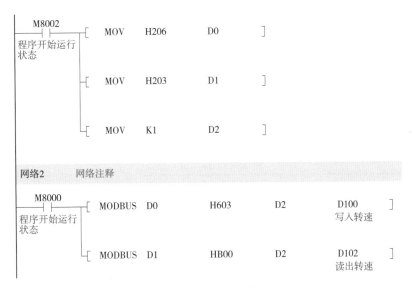

图 3-111　读取变频器运行时的数据

```
M8002       ┌ MOV    H206     D0        ┐
─┤├─────────┤                           │
程序开始运行 │                           │
状态        │                           │
            ┤ MOV    H203     D1        ┐
            │                           │
            │                           │
            ┤ MOV    K1       D2        ┐
            │                           │
            │                           │

网络2       网络注释

M8000       ┌ MODBUS  D0   H603   D2   D100  ┐
─┤├─────────┤                          写入转速│
程序开始运行 │                           │
状态        ┤ MODBUS  D1   HB00   D2   D102  ┐
            │                          读出转速│
```

图 3-112　伺服控制程序

第 2 逻辑行，将 H203 送 D1，设定伺服的站号 (02)，设置为 #2；03 为通信读寄存器命令字。

第 3 逻辑行，将 K1 送 D2，设置读、写数据个数为 1。

第 4 逻辑行，利用 Modbus 指令把 D100 中转速写入伺服 H06-03 参数单元。

第 5 逻辑行，利用 Modbus 指令把伺服 H0B-00 参数单元转速的值读出到 D102。

4.运行调试与任务评价

（1）运行调试

测试 PLC 与伺服通信：可先用计算机串口直接用 Modbus 指令读写伺服，看伺服在 Modbus 格式下的通信是否顺畅，如确定没问题后再用 PLC 进行测试，并需要逐个参数测试，确认是否与 PLC 通信畅通，确保 PLC 通信程序与伺服之间的稳定性（接线、逻辑等），然后通过 Modbus 通信的方式修改伺服参数，验证是否满足设备工艺要求，再进行带负载的性能调试。

联机运行：PLC 程序下载，设置变频器、伺服参数，启动变频器、伺服联机运行。

在调试中，将结果填入功能测试表 3-28 中。

表 3-28 功能测试表

操作步骤 \ 结果 \ 观察项目	变频器通信状态	伺服通信状态	变频器正转	变频器反转	伺服运行转速
初始状态					
变频器通信测试					
伺服通信测试					
变频器正转					
变频器反转					
伺服运行					

（2）任务评价

任务完成后，填写评价表 3-29。

表 3-29 评 分 表

		工作形式 □个人　□小组分工　□小组		工作时间 45min
——学年				
任务	训 练 内 容	训 练 要 求	学生 自评	教师 评分
PLC 与变频器伺服 Modbus 通信	电路设计（20 分）	伺服、PLC、变频器等选择，10 分； 电路设计，10 分		
	通信连接及程序编写（20 分）	Modbus 通信，5 分； 编写，5 分； 下载程序，10 分		
	参数设置（20 分）	变频器参数设置，10 分； 伺服驱动器参数设置，10 分；		
	功能测试（30 分）	变频器工作，10 分； 伺服运作，10 分； 触摸屏监控，10 分		
	职业素养与安全意识（10 分）	现场安全保护；工具、器材等处理操作符合 职业要求；分工合作，配合紧密；遵守纪律， 保持工位整洁，10 分		

学生 ＿＿＿＿＿＿　教师 ＿＿＿＿＿＿　日期 ＿＿＿＿＿

　　PLC 与变频器、伺服通过 Modbus 通信连接。变频器主要设置送纸线速度，伺服主要跟随变频器和异步电动机的速度进行滚切；根据变频器频率、减速带、异步电动机额定转速等参数计算编码器输出的差分脉冲，据此，计算相应修改伺服的齿轮比来改变伺服速度，做到与异步电动机的同步跟随。

练习与提高

1.变频器的通信协议除了 Modbus_RTU，还有哪些？
2. PLC与变频器、伺服通过CANlink如何通信连接。
3.变频器与PLC通信的参数有哪些？列出需要设置的参数表。

知识、技术归纳

　　本项目任务 1 至任务 9 主要以 PLC 和变频器，伺服直接连接、CANlink、Modbus 网络通信协议为例，介绍了其在丝杠平台等设备上的应用。使读者对汇川自动化系统相互连接及 CANlink、Modbus 网络通信有了一个初步的认识。

项目 3
PLC、变频器、伺服、触摸屏典型应用技术——

项目 4

汇川典型综合技术应用

过程控制指在工业生产过程中，由于外界干扰不断产生，要达到现场控制对象值保持恒定的目的，控制作用就必须不断地进行。常见的过程控制系统有以温度、压力、流量、液位等工艺参数作为被控变量的自动控制系统，本项目着重介绍水位控制系统和温度控制系统的设计和调试。

▶ 任务1　水位控制技术

 任务布置

设计制作完成一水位控制系统，要求通过控制水泵的启动和停止，实现水罐1自动注水；通过调节阀的开和关，自动调节水灌1的液位高度在合适的位置；调节阀和出水阀共同控制水罐2中液位在合适的位置。系统由液位传感器、触摸屏、PLC、A/D转换模块、水泵、调节阀和出水阀等硬件组成。

任务训练

1. 系统设计

（1）系统组成

水位控制系统工程要求：当水罐 1 的液位达到 80 cm，水泵关闭；水罐 1 液位不足 30 cm，水泵打开。当水罐 2 的液位不足 20 cm 时，关闭出水阀，否则打开出水阀。当水罐 1 的液位大于 30 cm，同时水罐 2 的液位小于 50 cm 时，打开调节阀，否则关闭调节阀。根据水位控制系统工程要求，系统设计方案主要由以下部分组成：液位传感器、A/D 转换模块、PLC、触摸屏、继电器、水泵、调节阀、出水阀等。具体来说，水位控制系统水罐中的液位高低、压力大小等模拟量数据通过液位传感器和 A/D 转换模块送至 PLC，并通过 PLC 编程和触摸屏组态来控制电控阀的开关，最终达到控制水泵、调节阀和出水阀开关的任务目标。水位控制系统组成如图 4-1 所示。

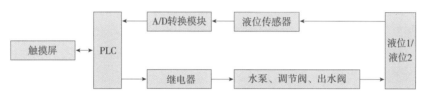

图 4-1　水位控制系统组成

（2）触摸屏组态效果图

水位控制系统组态效果如图 4-2 所示。

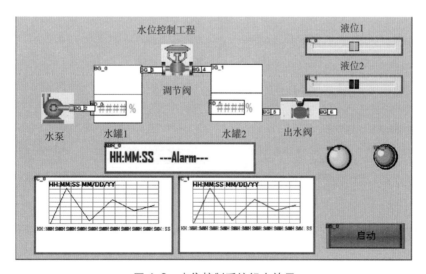

图 4-2　水位控制系统组态效果

（3）变量对应关系

水位控制工程主要参数有液位 1、液位 2、水泵、调节阀、出水阀和启停按钮。在此，给出以上组态数据对象与 PLC 内部寄存器的对应关系，如表 4-1 所示。

表 4-1　水位控制组态数据对象与 PLC 内部寄存器对应表

水位控制参数	PLC 内部寄存器	数 据 类 型
液位 1	D0	16 位无符号二进制数
液位 2	D1	16 位无符号二进制数
水泵	Y1	开关量
调节阀	Y2	开关量
出水阀	Y3	开关量
启停按钮	M0	开关量

其中，液位 1 数值范围为 0 ~ 100，流量测量值范围为 0 ~ 60，单位为 cm。

2. 触摸屏组态设计

水位控制系统组态效果如图 4-2 所示。

①新建"水位控制工程"窗口，利用"静态文字"控件，完成水位控制工程、水罐 1、水罐 2、液位 1、液位 2、水泵、调节阀、出水阀等文字标识。

②选择"棒图"控件，实现流动块、水罐 1、水罐 2 的液位大小变化，水罐 1、水罐 2 设置如图 4-3 至图 4-6 所示。

注意，要实现水罐 1、水罐 2 中的液位 1、液位 2 模拟自动运行，需通过"多状态设置"控件来完成，如图 4-7、图 4-8 所示。

图 4-3　水罐 1 棒图一般属性设置

图 4-4　水罐 2 棒图一般属性设置

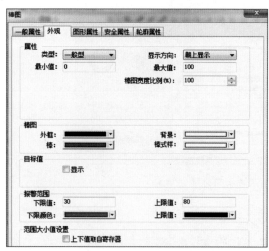

图 4-5　水罐 1 棒图外观设置

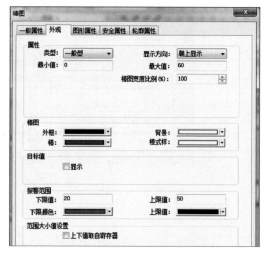

图 4-6　水罐 2 棒图外观设置

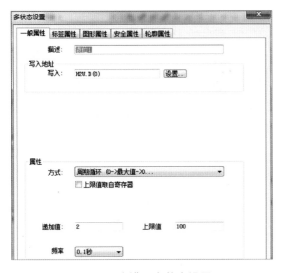

图 4-7 水罐 1 多状态设置　　　　　图 4-8 水罐 2 多状态设置

③选择"报警条"控件，实现液位 1、液位 2 的上下限报警，具体设置如图 4-9 所示。

注意，要实现液位 1、液位 2 的上下限报警，需要对事件注册表进行登录，具体设置如图 4-10、图 4-11 所示。

④选择"趋势图"控件，实现液位 1、液位 2 的实时曲线显示，具体设置如图 4-12 所示。注意，要实现趋势图曲线显示功能，需在采样数据表中完成资料采样的设置，如图 4-13 所示。

⑤在"图形库"中，添加合适的水泵、调节阀、出水阀等图形，添加用户图库设置如图 4-14 所示。

⑥选择"滑动开关"，显示液位 1、液位 2 大小变化；选择"多状态指示灯"反映液位 1、液位 2 状态变化；选择"位状态切换开关"，作为系统启动／停止按钮。

组态完成后，将工程下载到触摸屏中。

图 4-9 报警条属性设置　　　　　图 4-10 液位 1 下限报警事件登录设置

项目

4

汇川典型综合技术应用

153

154

图 4-11 液位 2 上限报警事件登录设置　　　　图 4-12 液位 1 趋势图一般属性设置

图 4-13 采样数据表资料采样设置

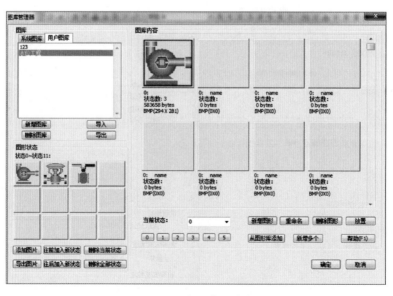

图 4-14 添加用户图库设置

3.PLC编程

（1）主程序

主程序模块主要是对 A/D 转换进行读／写操作，部分参考程序如图 4-15 所示。

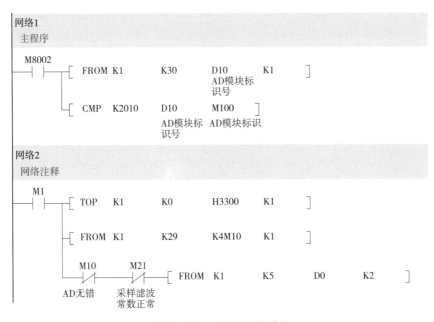

图 4-15　主程序（部分）

（2）水位控制程序

水位控制程序主要是根据液位 1、液位 2 的大小对水泵、调节阀、出水阀进行自动开关，部分参考程序如图 4-16 所示。

4.硬件安装

根据实际水位控制系统要求，PLC 通过 A/D 转换模块采集液位模拟量，输出开关量控制水泵、调节阀和出水阀的启停，液位采用两种传感器进行检测，具体来说，液位 1 通过磁翻板液位传感器进行检测，液位 2 通过超声波传感器进行检测，系统硬件选型如下：

（1）PLC 的选型

PLC 选择主要从 PLC 机型、容量、I/O 模块、电源模块、特殊功能模块、通信联网能力等方面加以综合考虑。系统选择与三菱 PLC 兼容的 H2U-1616MR-XP 作为流量控制系统的 PLC 主单元。其输出为继电器输出，有 16 点输入和 16 点输出。

（2）传感器的选型

① UZ2.5A　1000I 磁翻板液位传感器。磁翻板液位传感器根据浮力原理和磁性耦合作用研制而成。当被测容器中的液位升降时，液位计测量管中的磁性浮子也随之升降，浮子内的永久磁钢通过磁耦合传递到磁翻柱指示器，驱动红、白翻柱翻转，指示器红白交界处为容器内部液位的实际高度，从而实现液位清晰的指示（见图 4-17）。主要参数：测量范围为 0 ～ 12 m，显示精度为 ±10 mm。远传信号变送器由夹持安装在磁翻板测量管上的不锈钢管组成，管内部装有干簧链和电阻器串。随着测量管内液位的变化，浮子中的磁铁触发不同的干簧管，使整串电阻器的电阻值随着液位的变化而改变，经过转换输出 4 ～ 20 mA 的电流信号。

网络1
网络注释

```
M8002
─┤├──────┤ CMP    D0        K80        M300    ]

        M300
        ─┤├────┤ RST    Y1    ]

        M301
        ─┤├────┤ RST    Y1    ]

        M302
        ─┤├────┤ SET    Y1    ]
```

网络2
网络注释

```
M8000
─┤├──────┤ CMP    D1        K50        M310    ]

        M310
        ─┤├────┤ SET    Y3    ]

        M311
        ─┤├────┤ SET    Y3    ]

        M312
        ─┤├────┤ SET    Y3    ]
```

网络3
网络注释

```
M8000
─┤├──────┤ CMP    D1        K50        M310    ]

        ───────┤ CMP    D20       K5         M330    ]

        M320      M332
        ─┤├───────┤├──────┤ SET    Y2    ]

        M321
        ─┤├────┤ SET    Y2    ]

        M322
        ─┤├──

        M330
        ─┤├──

        M331
        ─┤├──
```

图 4-16　水位控制程序（部分）

② 美国邦纳 S18U 超声波传感器。美国邦纳 S18U 超声波传感器（见图 4-18）适用于瓶装或罐装生产线、透明薄膜检测或镜面物体检测、小容器的液位测量等。供电电压为 DC 10 ~ 30 V，检测范围为 20 ~ 300 mm，输出根据型号可选择 DC 0 ~ 10 V 或 4 ~ 20 mA 的模拟量输出。带有两个双色高亮度 LED 状态指示灯：位置指示灯（红／绿）和输出指示灯（黄／红）。当被测物体在检测范围内，位置指示灯为绿色，输出指示灯为黄色；当被测物体不在检测范围内，位置指示灯为红色，输出指示灯熄灭；位置指示灯熄灭表示传感器断电，输出指示灯为红色表示传感器处于示教模式。

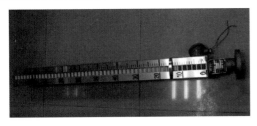

图 4-17　磁翻板液位传感器

图 4-18　美国邦纳 S18U 超声波传感器

（3）模拟量输入模块的选型

液位传感器检测输出的是电流信号，而 PLC 所能处理的是数字信号，因此需要选择模拟量输入模块，系统选用与 PLC 配套的 H2U-4AD 模块。

（4）触摸屏的选型

系统选择汇川自动化技术公司的 IT5070 触摸屏。利用触摸屏来控制系统的启动、停止，显示液位大小的变化，查看报警信息等，使控制操作更方便，并且节省了 PLC 的 I/O 点。

在进行系统硬件安装时，首先选用 AutoCAD 或者 Protel 99 软件进行绘图。绘图时应注意：

①选用正确的图样模板进行绘图。

②元件位置摆放清楚工整。

③元件采用规范的图形符号。

④正确连接各元件的连线，不出现遗漏和错接现象。

水位控制系统电气原理示意图如图 4-19 所示。

绘图完成后就进行硬件安装，安装总体要求包括：

（1）电源安装与连接

水位控制系统的直流工作电源是由开关电源提供，经接线端子排引到加工单元上的。PLC 交流 220 V 电源单独供给，不能与直流 24 V 电源混淆。电动机主电路部分采用黑色 4 mm² 的导线，控制电路部分采用 0.5 mm² 的导线，相线采用红色导线，中性线采用蓝色导线，地线采用黄绿相间的导线，控制电路采用同一种颜色的导线。

（2）PLC 的安装

水位控制系统 PLC 的 I/O 接线采用双层接线端子排连接，端子排集中连接水位控制系统所有电磁阀、传感器等器件的电气连接线，PLC 的 I/O 端口及直流电源。

硬件安装步骤如下：

①器材布局：把经过检测的元器件按照元器件布局图进行硬件安装。注意间距合理，预留布线空间，电路安装上进下出。

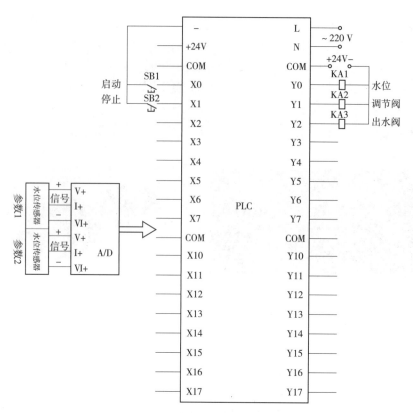

图 4-19 水位控制系统电气原理示意图

②主电路线路安装：在导线连接时，首先连接设备的供电电路，相线通过空气开关分三路，一路进 PLC，一路进变频器，一路进开关电源。然后把变频器的 U、V、W 和传送带电动机连接起来。

③开关电源输出直流接接线端子。

④信号电路与主电路分开走线，避免干扰。

⑤传感器电路安装：把 PLC 的模拟量模块与液位传感器相连。

⑥数据通信线安装：上述线路连接好后再把 PLC 的数据通信线与计算机串口连接好，准备进行通电调试。

5. 运行调试与任务评价

（1）运行调试

完成系统连接后，应用 InoTouch 组态软件建立人机界面，如图 4-20 所示。水位控制系统离线仿真效果如图 4-21 所示。

①将工程下载到触摸屏与 PLC 中，完成触摸屏与 PLC 的硬件连接。

②调节液位 1、液位 2 大小变化，观察水泵、调节阀、出水阀的开关状态。

③观察报警功能、曲线显示功能、指示灯功能是否正常。

④整个系统联机调试，观察系统是否能正常运行，若有问题，检查软件和硬件是否存在故障，并解决。

请根据调试过程，完成功能测试表 4-2。

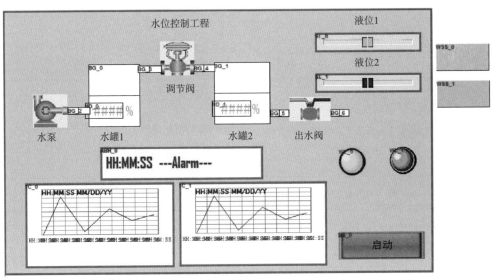

图 4-20　水位控制组态界面设计

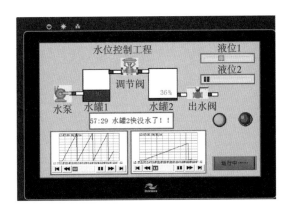

图 4-21　水位控制系统离线仿真效果

表 4-2　功能测试表

观察 内容 结果 条件	水泵	调节阀	出水阀	评价 （开关动作是否正确， 趋势图波形是否正确）
液位 1<30 mm				
液位 2<10 mm				
液位 1>80 mm				
液位 2>50 mm				
液位 1>10 mm 同时 液位 2<50 mm				

（2）任务评价

任务完成后，填写评价表4-3。

表4-3 评 价 表

＿＿＿＿学年		工作形式 □个人 □小组分工 □小组		工作时间 180 min	
任务	训 练 内 容	训 练 要 求		学生 自评	教师 评分
水位控制技术	PLC 程序编写（30分）	主程序编写，流量控制程序编写，30分			
	组态界面制作（40分）	水位控制组态界面设计，10分； 报警功能实现，10分； 实时曲线组态，10分； 指示灯制作，按钮功能设置，10分			
	水位控制调试（30分）	根据表4-2完成情况评分，30分			

学生＿＿＿＿＿＿＿ 教师＿＿＿＿＿＿＿ 日期＿＿＿＿＿＿＿

练习与提高

1. 水位控制系统硬件选型主要包括哪些部分？
2. 查询资料，获取UZ2.5A 1000I磁翻板液位传感器和S18U超声波传感器输入/输出信号量程。
3. H2U-4AD模块可选用模拟量范围是多少？
4. 硬件安装时有哪些注意事项？
5. 检测液位的两种传感器的特点分别是什么？尝试设计电柜按钮控制和触摸屏控制两种系统，并分析各自有什么功能？

▶ 任务2 温度PID控制

✎ 任务布置

设计制作完成一温度PID（比例－积分－微分）过程控制系统，要求完成中水箱液体温度设定值设定后，经过一段时间PID调节，温度测量值能达到设定值并实现动态平衡，温度测量值范围 0 ~ 99 ℃，设定值范围 0 ~ 70 ℃。系统由温度传感器、触摸屏、PLC、A/D (D/A) 转换模块、变频器、水泵、比例阀、固态继电器、加热棒、上水箱、中水箱和下水箱等硬件组成。

1.系统设计

（1）系统组成

温度控制系统由上、中、下三个水箱组成，检测控制的温度值为中水箱中的液体温度值。加热棒对中水箱中液体进行加热，当液体温度小于设定值时，加热棒工作；当液体温度大于设定值时，加热棒停止工作。中水箱通过冷热水交换的方式进行降温：比例阀打开，热水通过比例阀流入下水箱，下水箱通过水泵将冷水送入上水箱，上水箱冷水通过重力作用送入中水箱，整个冷热水呈逆时针方向循环，系统组成如图 4-22 所示。使用 PLC 作为控制核心，温度变量经温度传感器采集后，再经过 A/D 转换模块转换成 PLC 可读的数据，PLC 将它与温度设定值比较，并按 PID 调节规律对误差进行计算，由 A/D 转换模块输出结果，当温度测量值小于设定值时，开启固态继电器使加热棒工作；当温度测量值高于设定值时，开启变频器（使水泵工作）和比例阀实现冷热水循环，最终实现中水箱中液体温度的闭环控制。

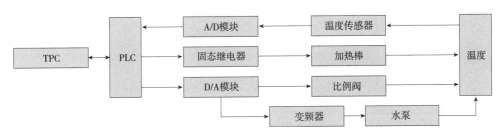

图 4-22　温度控制系统组成

（2）触摸屏组态效果图

温度控制组态效果如图 4-23 所示。

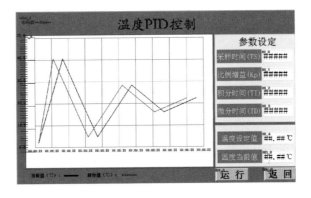

图 4-23　温度控制组态效果

（3）变量对应关系

温度控制是通过设定不同的 PID 参数，对比不同参数情况下，温度测量值达到设定值的调节时间和稳定性。在此，给出 PID 参数、测量值和设定值等组态数据对象与 PLC 内部寄存器的对应关系，如表 4-4 所示。

表 4-4　PID 参数、测量值和设定值等组态数据对象与 PLC 内部寄存器的对应关系

温度实验参数	PLC 内部寄存器	数据类型
采样时间（TS）	D750	16 位无符号二进制数
比例增益（Kp）	D753	16 位无符号二进制数
积分时间（TI）	D754	16 位无符号二进制数
微分时间（TD）	D756	16 位无符号二进制数
温度设定值	D512	32 位浮点数
温度测量值	D30	32 位浮点数
温度实验运行/停止	M334	开关数字信号

其中，温度设定值范围为 0 ~ 70，温度测量值范围为 0 ~ 99，小数点后 2 位，单位为℃。

2. 触摸屏组态设计

温度控制组态效果如图 4-23 所示。

①在 InoTouch Editor 软件中新建"温度 PID 控制"窗口，利用"静态文字"控件，完成温度 PID 控制、参数设定、采样时间、运行、返回、当前值、目标值等文字标识。

②利用"趋势图"控件，实现温度设定值和当前值的曲线显示，具体设置如图 4-24 和图 4-25 所示。

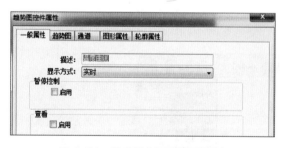

图 4-24　温度控制组态界面设计

图 4-25　温度 PID 控制

注意，通道中的资料采样是在采样数据表中完成的，可将历史采样数据保存在 U 盘中，如图 4-26 所示。

③利用"数值输入"控件，完成采样时间、比例增益、积分时间、微分时间、温度设定值、温度当前值输入框的属性设置，采样时间和温度设定值设置如图 4-27 和图 4-28 所示，其他参数可进行类似设置。

3. PLC编程

（1）主程序

主程序模块主要是对 A/D 和 D/A 转换模块进行读/写操作，参考程序如图 4-29 所示。

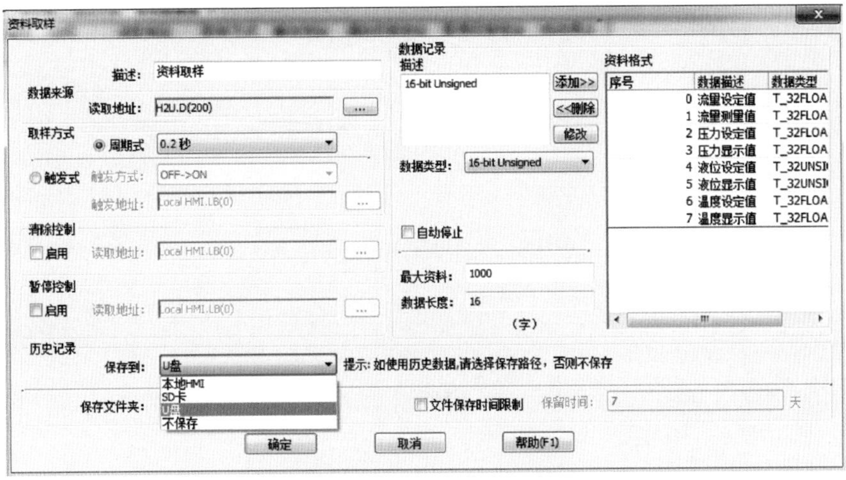

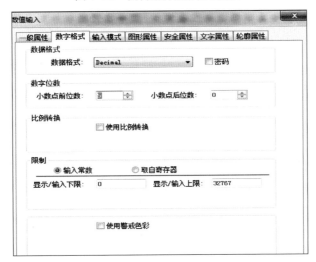

图 4-26 资料采样组态界面设计

图 4-27 采样时间数字格式属性设置

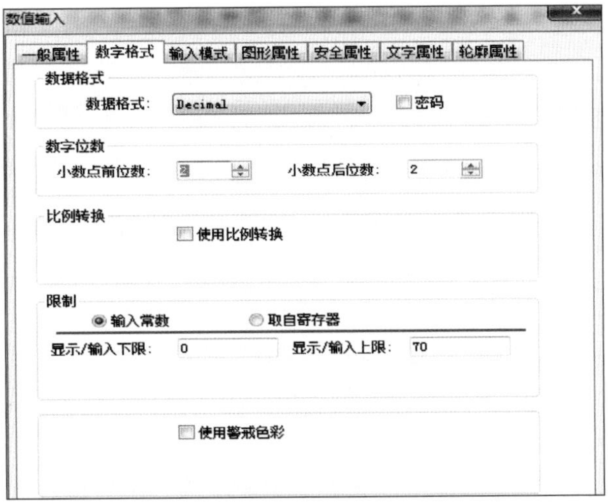

图 4-28 温度设定值数字格式属性设置

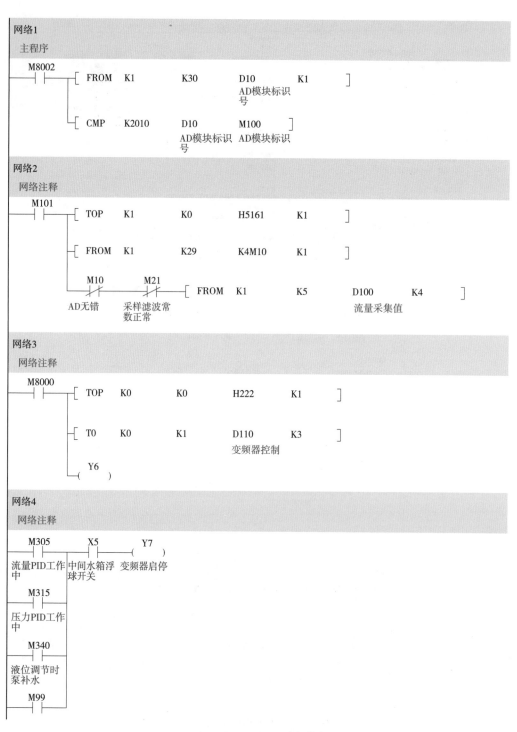

图 4-29　主程序（部分）

（2）温度控制程序

温度控制除了将温度设定值和测量值进行工程转换送入 PLC 进行 PID 运算，运算结果还会控制固态继电器、变频器和比例阀的开关，部分参考程序如图 4-30 所示。

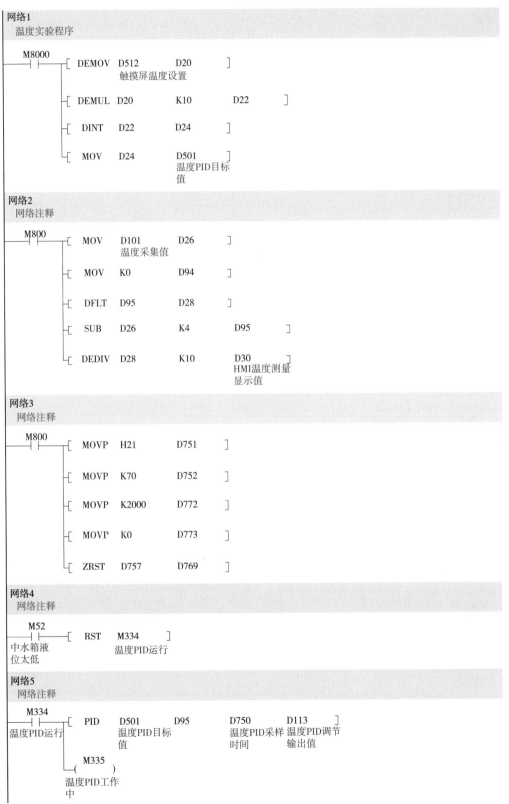

网络1
温度实验程序

```
M8000
 ├─┤ ├──┤ DEMOV   D512        D20          ]
                  触摸屏温度设置

          ┤ DEMUL   D20         K10         D22       ]

          ┤ DINT    D22         D24          ]

          ┤ MOV     D24         D501         ]
                  温度PID目标
                  值
```

网络2
网络注释

```
M800
 ├─┤ ├──┤ MOV     D101        D26          ]
                  温度采集值

          ┤ MOV     K0          D94          ]

          ┤ DFLT    D95         D28          ]

          ┤ SUB     D26         K4          D95       ]

          ┤ DEDIV   D28         K10         D30       ]
                  HMI温度测量
                  显示值
```

网络3
网络注释

```
M800
 ├─┤ ├──┤ MOVP    H21         D751         ]

          ┤ MOVP    K70         D752         ]

          ┤ MOVP    K2000       D772         ]

          ┤ MOVP    K0          D773         ]

          ┤ ZRST    D757        D769         ]
```

网络4
网络注释

```
M52
 ├─┤ ├──┤ RST     M334         ]
中水箱液              温度PID运行
位太低
```

网络5
网络注释

```
M334
 ├─┤ ├──┤ PID     D501        D95         D750        D113      ]
温度PID运行        温度PID目标              温度PID采样  温度PID调节
                  值                      时间        输出值

          M335
        ─( )
        温度PID工作
        中
```

图 4-30　温度控制程序（部分）

网络6
　网络注释

```
  M335              ( T246      K2000        )
──┤├──────────────
温度PID工作    加热棒动作
中            周期
```

网络7
　网络注释

```
  T246            ─[ RST    T246        ]
──┤├──────────────
加热棒动作              加热棒动作
周期                  周期
  M335
──┤├──
温度PID工作
中
```

网络8
　网络注释

```
  M8000           ─[ MUL    D113    K50        D115       ]
──┤├──────────────
                   温度PID调节
                   输出值
```

网络9
　网络注释

```
─[  <    T246    D115   ]──┤├──┤├──( Y0        )
                          M335   X4
   加热棒动作              温度PID工作 下水箱浮球  加热泵控制
   周期                   中        开关
```

网络10
　网络注释

```
  M334         ─┤/├──[ MOV    K2000        D110       ]
──┤├──────────
温度PID运行  下水箱浮              变频器控制
           球开关
                ─┤├──┤├──[ MOV    K1000        D110       ]
           下水箱浮              变频器控制
           球开关    ─[ MOV    K183         D110       ]
                ─[ MOV    K183         D112       ]
           X4    M99
           ─┤├──┤/├──( M99        )
           下水箱浮
           球开关
           M88
           ─┤├──
```

网络11
　网络注释

```
  M88           ─[ MOV    K0           D112       ]
──┤↑├──────────
```

网络12
　网络注释

```
  M800          ─[ SUB    D501    D95      D48        ]
──┤├──────────
                   温度PID目标
                   值
                ─[  <    D48    K0    ]──[ MUL    D48      K-10      D180    ]
                ─[  >    D48    K0    ]──[ MOV    K0       D180      ]
                ─[ ADD    D150    K500    D183       ]
```

图4-30　温度控制程序（部分）（续1）

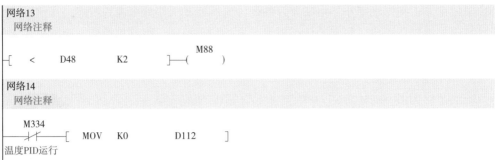

网络13
　网络注释

　　　　　　　　　　　　　　　　　　M88
├─[　<　　　D48　　　K2　　　]─(　　　)

网络14
　网络注释

　　M334
├──┤├──[　MOV　　K0　　　D112　　]
温度PID运行

图4-30　温度控制程序（部分）（续2）

4. 硬件安装

根据实际温度控制系统要求，系统硬件选型如下：

（1）PLC的选型

PLC选择主要从PLC机型、容量、I/O模块、电源模块、特殊功能模块、通信联网能力等方面加以综合考虑。系统选择三菱PLC兼容的H2U-1616MR-XP作为流量控制系统的PLC主单元。其输出为继电器输出，有16点输入和16点输出。

（2）模拟量输入/输出模块的选型

温度传感器检测输出的是电流信号，而PLC所能处理的是数字信号，因此需要选择模拟量输入模块，系统选择与PLC配套的H2U-4AD模块；系统采用模拟量输入控制变频器工作，而PLC经过处理运算后的结果是数字量，因此需要选择模拟量输出模块，系统选择与PLC配套的H2U-4DA模块。

（3）变频器及水泵的选型

系统采用变频器及水泵来实现流量PID调节的执行。变频器选择汇川公司MD300A-S0.4A变频器，水泵选择PEAKEN公司6IK-180A-EF三相异步电动机。

（4）触摸屏的选型

系统选择汇川自动化技术公司的IT5070触摸屏。利用触摸屏来控制系统的启动、停止、输入温度设定值，实时监控流量的变化，临时改变PID的各项数据等操作，使操作更方便，并且节省了PLC的I/O点。

（5）温度传感器的选型

系统选择PT100作为温度传感器。PT100温度传感器是一种将温度变量转换为可传送的标准化输出信号的器件。主要用于工业过程温度参数的测量和控制。带传感器的变送器通常由两部分组成：传感器和信号转换器。传感器主要是热电偶或热电阻器；信号转换器主要由测量单元、信号处理和转换单元组成，输出0～20 mA电流信号。

（6）固态继电器（SSR）及加热棒的选型

系统选择GENKE的GKG1-10A型固态继电器，加热棒选择使用寿命长、抗氧化性能好、电阻率高、价格便宜的电热管。固态继电器是具有隔离功能的无触点电子开关，在开关过程中无机械接触部件，因此固态继电器除具有与电磁继电器一样的功能外，还具有与逻辑电路兼容、耐振、耐机械冲击，安装位置无限制，具有良好的防潮、防霉、防腐蚀性能，输入功率小，灵敏度高，控制功率小，电磁兼容性好，噪声低和工作频率高等特点，目前已广泛应用于计算机外围接口设备、恒温系统、调温、电炉加温控制、电动机控制、数控机械、遥控系统、工业自动化装置等。

（7）比例阀的选型

系统选择德国 Burkert 公司 8605 型电子控制比例阀，如图 4-31 所示。电子控制器工作电源为 DC 12 ~ 24 V，标准输入信号 0 ~ 20 mA、4 ~ 20 mA 或者 0 ~ 5 V，0 ~ 10 V（可设置），输出信号为用于控制比例阀阀门的 PWM 信号，频率范围 80 Hz ~ 6 kHz 可调。工作时将外部标准信号转换为脉宽调制（PWM）信号控制比例阀的开度，从而使流体的流量不断地变化。内部电流控制器可补偿线圈发热，确保每个输入信号值都精确地对应于一个特定的有效线圈电流值。显示器和操作键使该控制器能很方便地与比例阀配套，并适用于实际应用条件。

图 4-31　电子控制比例阀

在进行系统硬件安装时，首先选用 AutoCAD 或者 Protel 99 软件进行绘图。绘图时应注意：

①选用正确的图样模板进行绘图。

②元件位置摆放清楚工整。

③元件采用规范的图形符号。

④正确连接各元件的连线，不出现遗漏和错接现象。

部分电气原理图如图 4-32 至图 4-34 所示。

绘图完成后就进行硬件安装，安装总体要求包括：

（1）电源安装与连接

温度 PID 控制系统的直流工作电源是由开关电源提供，经接线端子排引到加工单元上的。PLC 交流 220 V 电源单独供给，不能与直流 24 V 电源混淆。电动机主电路部分采用黑色 4 mm² 的导线，控制电路部分采用 0.5 mm² 的导线，相线采用红色导线，中性线采用蓝色导线，地线采用黄绿相间的导线，控制电路采用同一种颜色的导线。

（2）PLC 的安装

温度 PID 控制系统 PLC 的 I/O 接线采用双层接线端子排连接的，端子排集中连接温度 PID 控制系统所有电磁阀、传感器等元器件的电气连接线，PLC 的 I/O 端口及直流电源。

硬件安装步骤如下：

①器材布局：把经过检测的元器件按照元器件布局图进行硬件安装。注意间距合理，预留布线空间，电路安装上进下出。

②主电路线路安装：在导线连接时，首先连接设备的供电电路，相线通过空气开关分三路，一路进 PLC，一路进变频器，一路进开关电源。然后把变频器的 U、V、W 和传送带电动机连接起来。

③开关电源输出直流接接线端子。

④信号电路与主电路分开走线，避免干扰。

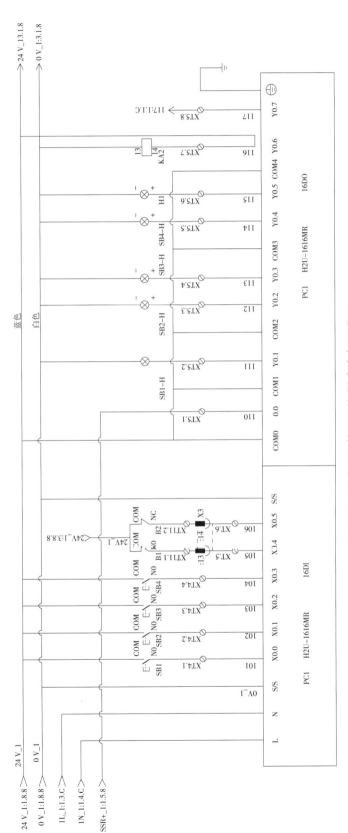

图 4-32 温度 PID 控制系统 PLC 电气原理图

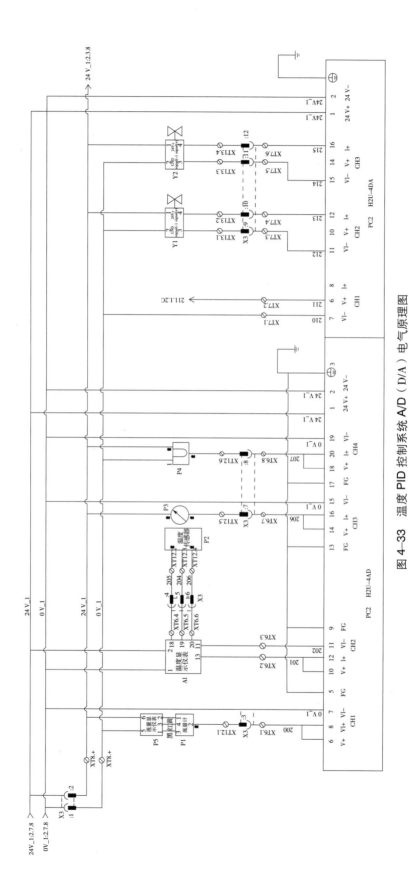

图 4-33　温度 PID 控制系统 A/D（D/A）电气原理图

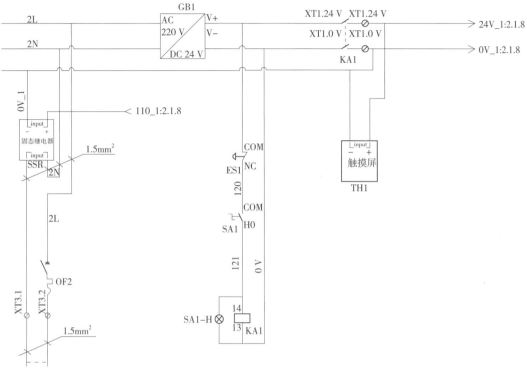

图 4-34　固态继电器、触摸屏电气原理图

⑤传感器电路安装：把 PLC 的模拟量模块与液位传感器相连。

⑥数据通信线安装：上述线路连接好后再把 PLC 的数据通信线与计算机串口连接好，准备进行通电调试。

5. 运行调试与任务评价

（1）运行调试

完成系统连接后，应用 InoTouch 组态软件建立人机界面。温度 PID 控制系统离线仿真如图 4-35 所示。

系统未工作时，中水箱中温度值为环境温度（例如 27 ℃），就是 A/D 转换模块转换来的数字量经 PLC 程序处理后，在 TPC 上显示的液位测量值。将温度设定为 35℃，并设定 PID 的参数，然后按下"运行"按钮，系统启动，开始进行温度当前值采集和 PID 运算。

图 4-35　温度 PID 控制系统离线仿真

当温度小于 35℃，PLC 运算温度输出值控制固态继电器导通，驱动加热棒工作，中水箱液体温度上升；当温度大于 35℃，PLC 运算液位输出值传送至 D/A 转换模块，D/A 转换模块控制比例阀打开，将热水放入下水箱；同时，D/A 转换模块启动变频器，驱动水泵将下水箱的冷水抽入上水箱，上水箱通过打开的手动阀将冷水注入中水箱，从而实现中

项目

4

汇川典型综合技术应用

171

水箱的冷热水循环，实现中水箱液体温度下降。图 4-35 所示为采集时间 TS=100 s，比例增益 Kp=500，积分时间 TI=50，TD=50，温度设定值为 35℃情况下系统离线运行的界面。

请根据表 4-5 完成温度 PID 控制调试，体会 P、I、D 参数对系统的影响；自行设计五组 PID 参数进行调节，找出调节性能较好的 PID 参数。

表 4-5　温度 PID 控制调试表

组数 \ 数值 \ 观察参数	TS	Kp	TI	TD	温度设定值	温度测量值	温度 PID 调节曲线规律（画图）	评价（曲线规律是否正确，波动情况是否正确）
第一组（5 分）								
第二组（5 分）								
第三组（10 分）								
第四组（10 分）								
第五组（10 分）								

（2）任务评价

任务完成后，填写评价表 4-6。

表 4-6　评 价 表

——学年		工作形式 □个人　□小组分工　□小组		工作时间 180min	
任务	训练内容	训练要求		学生自评	教师评分
温度 PID 控制	PLC 程序编写（20 分）	主程序编写，温度控制程序编写，20 分			
	组态界面制作（40 分）	PID 控制参数界面制作，10 分； 温度过程控制组态界面设计，10 分； 实时曲线组态，10 分； 图例制作，按钮功能等，10 分			
	温度 PID 调试（40 分）	根据表 4-5 完成情况评分			

学生 _____ 教师 _____ 日期 _____

1. 温度 PID 控制是如何实现 PID 调节的?
2. 根据温度 PID 控制,分析温度被控量在什么范围内 PID 调节效果最好?
3. 温度 PID 控制中,是否可以利用比例阀代替手动阀的功能?如果可以,具体如何实现?
4. 利用过程控制工程设备上的预留按钮,在原有系统基础上自行设计并实现扩展功能。

▶ 任务3　智能仪表温度控制

 任务布置

设计制作完成一智能仪表温度控制系统,要求通过智能仪表 PID 自整定功能,使实测温度值与温度设定值相一致,达到温度调节的目的。系统由触摸屏、PLC、温度控制扩展模块等硬件组成。

任务训练

1. 系统设计

（1）系统组成

智能仪表温度控制系统由触摸屏、PLC、温度控制扩展模块组成。在触摸屏上设定温度目标值后,温度控制扩展模块进行 PID 自整定调节,调整完成后使实测温度与温度设定值相一致,并将整定后的 PID 参数在触摸屏上显示。系统组成如图 4-36 所示,温度控制扩展模块与 PLC接线示意图如图 4-37 所示。

图 4-36　智能仪表温度控制系统组成

（2）触摸屏组态效果图

智能仪表温度控制系统组态效果如图 4-38 所示。

（3）变量对应关系

智能仪表温度控制系统主要参数有设定温度、实测温度、P 参数、I 参数、D 参数、温度启停、自整定启停等。在此,给出以上组态数据对象与 PLC 内部寄存器的对应关系,如表 4-7 所示。

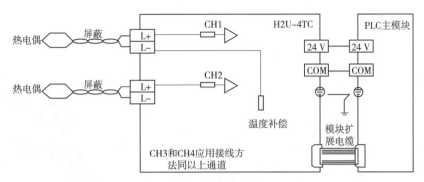

图 4-37 温度控制扩展模块与 PLC 接线示意图

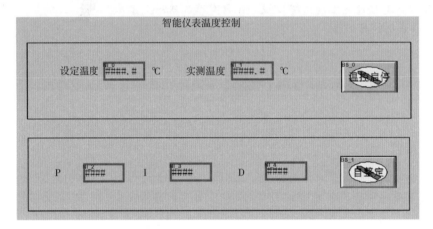

图 4-38 智能仪表温度控制系统组态效果

表 4-7 智能仪表温度控制组态数据对象与 PLC 内部寄存器的对应关系

温度控制参数	PLC 内部寄存器	数 据 类 型
设定温度	D503	十进制数
实测温度	D207	十进制数
P 参数	D500	十进制数
I 参数	D501	十进制数
D 参数	D502	十进制数
温度启停	M100	开关量
自整定启停	M101	开关量

2. 触摸屏组态设计

智能仪表温度控制系统组态效果如图 4-38 所示。

①新建"智能仪表温度控制"窗口，利用"静态文字"控件，完成智能仪表温度控制、设定温度、实测温度、P、I、D、℃等文字标识。

②选择"数值输入"控件，根据表4-7组态数据对象对应关系，完成设定温度、实测温度、P参数、I参数、D参数文字标签后的输入框设置。

③选择"位状态切换开关"控件，根据表4-7组态数据对象对应关系，完成温度启停、自整定按钮设置。

3. PLC编程

智能仪表温度控制系统采用"PID自整定＋继电器输出"控制方式，继电器周期为2 s，采样时间为3 s，温度设定值由触摸屏中输入，参考程序如图4-39所示。

有关H2U-4TC-XP温度模块的详细说明，读者可查阅汇川公司发布的《H1UH2U系列温度控制扩展模块随机手册（PT/TC）》。

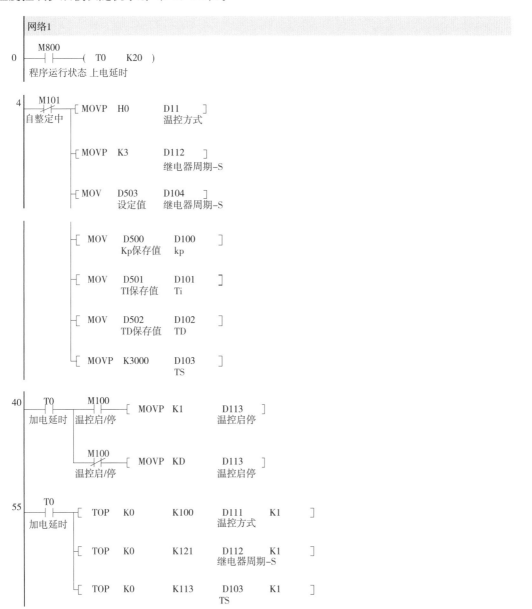

图4-39 参考程序

项目 4 汇川典型综合技术应用

```
83   M101    M8013            ┤[ TOP    K0          K110        D100        K3    ]
     自整定中  1s振荡时钟                                        kp
                             ┤[ TOP    K0          K91         D104        K1    ]
                                                                设定值

103  T0      M8013            ┤[ TOP    K0          K51         D113        K1    ]
     加电延时  1s振荡时钟                                        温控启停
```

网络3

```
114  M100    M8012            ┤[ FROM   K0          K75         D206        K1    ]
     温控启/停 100ms振荡时钟                                      继电器输出

                             ┤[ =      D206        K1    ]─────( Y1 )
                                       继电器输出                 输出点

133  T0      M8012            ┤[ FROM   K0          K5          D207        K1    ]
     加电延时  100ms震荡时钟                                     平均温度读取

144  M101    M101            ┤[ SET    M100        ]
     自整定中  自整定中                 温度启/停

                             ┤[ MOVP   H18         D111        ]
                                                   温控方式

                             ┤[ MOVP   K4000       D103        ]
                                                   TS

                             ┤[ TOP    K0          K100        D111        K1    ]
                                                                温控方式

                             ┤[ TOP    K0          K113        D103        K1    ]
                                                                TS

178  M101            ───────( T1       K50     )
     自整定中                 自整定延时

            T1      M8012    ┤[ FROMP  K0          K100        D200        K1    ]
            自整定延时 100ms振荡时钟                              温控方式读取

193  T1     ┤[ =     D200        H8    ]──────( T2       K20     )
     自整定延时 温控方式读取              整定完成

                             ┤[ TOP    K0          K113        K3000       K1    ]

                             ┤[ FROMP  K0          K110        K200        K3    ]
                                                                温控方式读取

220  T2              ┤[ MOV    D201        D500        ]
     整定完成           Kp_读取      Kp保存值

                     ┤[ MOV    D202        D501        ]
                       TI_读取      TI保存值

                     ┤[ MOV    D203        D502        ]
                       TD_读取      TD保存值

                     ┤[ RST    M101        ]
                       自整定中
```

图 4-39　参考程序（续）

4. 运行调试与任务评价

（1）运行调试

①将工程下载到触摸屏与 PLC 中，完成触摸屏与 PLC、PLC 与 H2U 的硬件连接。

②在触摸屏中输入温度设定值，然后按下"自整定"按钮，系统开始 PID 自整定，整定结束后将 P、I、D 参数显示在触摸屏上。

自行设计五组温度设定值，完成运行调试表 4-8。

表 4-8　智能仪表温度控制模块 PID 自整定控制运行调试表

组数 \ 数值 \ 观察参数	P	I	D	温度实测值℃
第一组 温度设定值 =　℃				
第二组 温度设定值 =　℃				
第三组 温度设定值 =　℃				
第四组 温度设定值 =　℃				
第五组 温度设定值 =　℃				

（2）任务评价

任务完成后，填写评价表 4-9。

表 4-9　评　价　表

_____ 学年		工作形式 □个人　□小组分工　□小组	工作时间 120min	
任务	训练内容	训练要求	学生 自评	教师 评分
智能仪表温度	PLC 程序编写（40 分）	主程序编写，40 分		
	组态界面制作（30 分）	文字标签的制作，10 分； 温度控制数值输入框的制作，10 分； 温控启停、自整定按钮的制作，10 分		
	温度 PID 自整定调试（30 分）	按表 4-8 完成情况评分，每组测量分值为 6 分		

学生 _____　教师 _____　日期 _____

项目 4　汇川典型综合技术应用

练习与提高

1. H2U–4TC–XP中4、TC和XP各表示什么含义？
2. H2U–4TC–XP与外部模拟输入信号是如何进行连接的？
3. 一个H2U–4TC–XP远程扩展模块，CAN站号为1，以CH1通道继电器输出，设定温度为100 ℃，试编写用户程序。

知识、技术归纳

本项目通过水位控制系统、温度PID控制系统、智能仪表温度控制系统三个实际工程项目，按实际工作过程步骤，详细介绍了工程项目实施的步骤和方法。读者通过本项目训练，可加深对汇川PLC、触摸屏、温度控制模块的认识，并对过程控制的要点有初步的认识。

附录A

了解汇川企业文化

深圳汇川公司经历了梦想萌芽、生死挣扎、野蛮成长、有序发展的四个阶段，形成了成就客户、追求卓越、至诚至信、团结协作的企业核心价值，以领先技术推进工业文明为企业使命，以成为世界一流的工业自动化控制产品及解决方案供应商为不断奋斗的目标。

一、了解汇川发展历程

深圳汇川公司是专门从事工业自动化控制产品的研发、生产和销售的高新技术企业（见图A-1、图A-2）。公司产品有低压变频器、高压变频器、一体化及专机、伺服系统及电动机、PLC、触摸屏、永磁同步电动机、电动汽车电动机控制器、机器人控制器、DDR（直接驱动旋转）/DDL（直接驱动直线）电动机等。主要服务于装备制造业、节能环保、新能源三大领域，产品广泛应用于电梯、起重、机床、金属制品、电线电缆、塑胶、印刷包装、纺织化纤、建材、冶金、煤矿、市政、汽车等行业。

公司于2003年在深圳成立，目前在苏州、

图A-1　汇川公司奠基石

（a）

（b）

图A-2　汇川公司鸟瞰图

杭州、南京、泰州、长春等地成立了多家分、子公司；公司在意大利米兰设立了欧洲研发中心，位于苏州的生产及研发中心一期占地35亩，现已投入使用，二期（200亩）正在建设中。

经过十多年的发展，公司已成为国内工业自动化控制领域的领军企业，在销售收入、盈利水平、技术创新等方面均处于国内行业领先水平。2013年公司的销售收入17.26亿元，净利润为5.14亿元。截止2014年6月30日，公司有员工3 015人，其中专门从事研究开发的人员有662人。公司30岁以下的员工占员工总数的68%以上，本科及以上学历的员工占员工总数60%以上。

截至2014年6月30日，公司拥有已获证书的专利249项，其中发明专利21项，实用新型专利180项，外观专利48项。公司已向国家知识产权局申报，但尚未获得证书的专利申请287项，其中发明专利申请219项，实用新型专利申请64项，外观专利申请4项。公司及其控股子公司共取得84项软件著作权。

汇川公司发展经历了如下四个阶段：梦想萌芽、生死挣扎、野蛮成长、有序发展。

1. 梦想萌芽（2003年）

历经中国变频技术发展的跌宕洗礼，在信念、理想、激情与使命的推动下，19个怀揣梦想的工控精英，面对中国工控领域技术本土空白化、国外品牌垄断化的现实，毅然放弃安稳的工作环境，从华为、艾默生等世界五百强企业的光鲜舞台褪下浮华，转而踏上未知而充满挑战的民族品牌先行之路。

"中国变频器市场每年以超过15%的增速高速发展，我们要坚定地创造自己的品牌，打破垄断，改变市场格局！"汇川创业的先行者们敏锐地洞察到，矢量变频器在中国中高端OEM（原始设备制造商）市场的应用前景以及行业一体化专机在工控行业拥有巨大的发展潜力，为了抢占中高端变频器品牌的市场高地，汇川技术应运而生。

汇川自此成为精英们打造国产品牌、领军中国变频器行业、打造世界一流工控设备供应商的梦想载体。2003，这一年，汇川，细流融汇，聚奔腾之势，乘风破浪，终得勇立潮头。

2. 生死挣扎（2003—2006年）

汇川创业之初激情澎湃、梦想成功，创业之路却低调内敛、坚定踏实。初创汇川，从诞生到生存，每一位汇川人始终铭记着那段生死存亡的挣扎岁月。许多人、许多事，构筑成汇川的历史与根基。

初生牛犊不怕虎，新生的汇川以迅雷不及掩耳之势撕开市场，招式之凌厉，攻势之凶猛，令诸多对手措手不及。四年间，汇川销售额从 1 100 多万元增长到 8 000 多万元，员工从初期 19 人的创业团队发展为 170 人。从 2003 年的深圳彩田民宁园、2004 年的宝安大宝路新柯城工业园到 2005 年的宝安鸿威工业园，从最初 100 m² 的两间办公室，到拥有一定规模的厂房和办公室，处处见证着汇川的发展足迹。

在光鲜夺目的背后，必然是鲜为人知的艰难和辛酸。汇川创业之时，19 人的创业团队，既要组织生产又要开拓市场、研发新品；生产则面临场地面积小，生产设备及测试设备短缺的问题；研发也处于人才短缺和设备落后的尴尬局面。行业竞争激烈，国产品牌形象不佳，使得我们每做一个客户，每寻找一个代理商，都遇到太多的艰难。与此同时，与 EMERSON 之间的法律纠纷，更使公司处境雪上加霜。创业之路踽踽独行、举步维艰，此中心酸，非外人可感同身受。万幸的是，经过公司上下齐心协力，同舟共济，公司终于从生死攸关的危机时刻挺了过来。

汇川，冲破初创困境，如蓄势待飞的雄鹰一飞冲天，用实际行动向所有人昭示奇迹！

该阶段大事记：

2003 年 4 月 10 日，深圳市汇川技术有限公司成立；

2003 年 12 月 3 日，苏州默纳克控制技术有限公司成立；

2004 年 1 月，第一台商业化矢量变频器在深圳彩田民宁园面世；

2004 年 1 月，位于深圳宝安新柯工业园的汇川电子厂启用，并成功生产出第一批机器；

2004 年 6 月，获得深圳第五批"双软"企业认定；

2004 年 9 月，金蝶 K3 ERP 系统上线；

2005 年 3 月，Nice3000 电梯一体化控制器研制成功；

2005 年 7 月，获评"深圳市高新技术企业"；

2005 年 11 月，通过包括 EMC 和安规的 CE 认证；

2005 年 11 月 25 日，汇川办公及生产基地搬迁至宝安鸿威工业园 E 栋；

2006 年 5 月 31 日，深圳市汇川控制技术有限公司成立。

3. 野蛮成长（2007—2010 年）

"水之积也不厚，则其负大舟也无力"，如果说汇川初创依靠的是梦想和激情，那么承载汇川发展的重要内驱力则源于对技术、产品、市场的深刻思辨。

2007—2010 年间，工业自动化控制市场快速成长，设备制造业对综合产品以及行业解决方案的需求也日益迫切。汇川乘风破浪，顺势而行，在产品、行业、销售规模与人员方面都实现了突飞猛进的野蛮成长。

产品从单一变频器扩展至 PLC、伺服、触摸屏、永磁同步电动机、直驱电动机及新能源相关产品；提供的行业解决方案覆盖范围从拉丝机、机床、印刷包装、电梯延伸至起重机、空压机、注塑机、纺织、EPS、建材等领域，为客户提供了超过 30 多种专用驱动器和 60 多项软件和硬件非标产品。在不见硝烟的战场上，汇川跨雄关、越漫道，转战千里，战绩赫赫。

历经四年，汇川销售额从 1.6 亿增长到 6.7 亿，员工从 259 人发展到 899 人。

由工控领域向新能源领域的延伸，由技术营销向品牌营销的延伸，终使汇川异军突起、厚积薄发，成为中国工控行业的新一代弄潮儿。

该阶段大事记：

2007 年 4 月，公司 ISO9001：2000 质量管理体系通过德国莱茵 TUV 认证；

2007 年 6 月，荣获深圳市"科技创新奖"及"最具成长性企业"称号；

2007 年 12 月，荣获 2007 年度深圳市质量协会质量技术奖；

2008 年 6 月，被深圳市福田区认定为"福田区 2008 年度民营领军骨干企业"；

2008 年 7 月，苏州汇川技术有限公司成立；

2008 年 12 月，被评为"2008 年度深圳市工业 500 强企业"；

2008 年 12 月，被认定为"国家高新技术企业"；

2009 年 1 月，入选"2009 福布斯最具潜力中小企业榜"，排名 57 位；

2009 年 4 月，研发中心被深圳市科技局认定为"深圳市电机驱动与控制技术研究开发中心"；

2009 年 6 月，被深圳市福田区认定为"福田区纳税百佳企业"；

2010 年 3 月，被评为"深圳市成长型中小工业企业 500 强企业"第一名；

2010 年 5 月，被评为"深圳市福田区纳税百强企业"；

2010 年 6 月，默纳克荣登 2010 年度江苏省规划布局内重点软件企业名单，位列潜力型企业第 16 名；

2010 年 9 月 28 日，汇川技术在深交所 A 股创业板成功上市，股票代码（300124）。2010 年汇川企业上市现场照片如图 A-3 所示。

图 A-3　2010 年汇川企业上市现场照片

4. 有序发展（2011至今）

"千锤万凿出深山，烈火焚烧若等闲。"经过市场的百般锤炼，汇川如出鞘宝剑，锋芒毕现。作为国内自动化行业里杀出的一匹"黑马"，汇川已不再满足于"自动化专家"的狭义理解，而是寻找着属于自身的自动化"基因"。万法归一，"一"是指汇川对自动化的认知，不是单一的产品，而是构建解决方案的平台。汇川成功上市后，开始进行精细化管理，强化各运营平台的有序发展。

研发平台：通过成立企业技术中心，强化 IPD（集成产品开发）项目管理机制，完善 EMC（电磁兼容性）、可靠性、器件等研发资源平台，使得汇川的研发管理上了一个新台阶。同时逐步

搭建了高压变频器、编码器、物联网、工程传动及纺织专机等产品的研发平台。

销售平台：实施电子商务系统，强化以项目运作为中心的工作模式和管理机制，加强对项目型市场的拓展，加强办事处区域规划能力。

制造平台：占地 35 亩的苏州汇川新生产基地正式启用，占地 200 亩的二期扩建工程亦进入建设阶段，使得公司的生产规模、工艺条件和产能得以大幅度提升。告别厂房租赁时代，汇川揭开崭新的制造篇章，如图 A-4 所示。

人才平台：引入 E-HR 信息化系统，搭建骨干员工培养、任职资格体系建设平台，推动企业文化建设，强化各项人力资源标准化管理流程，为汇川的人才发展提供有力支撑。

资本平台：坚持以提升公司的核心技术能力和产品线延伸为投资原则，收购长春汇通，搭建传感器技术和产品平台；成立杭州汇坤，专注纺织行业专用控制器的开发和销售；成立北京汇川汇通，进入电梯物联网领域；成立泰州汇程，建立永磁同步电机生产基地；成立香港汇川，拓展更大市场。

图 A-4　汇川公司新生产基地

平台构建，成果显现。2012 年，汇川销售额迅速增长到 11.9 亿，员工人数增加到 1834 人，为实现汇川的百年梦想打下坚实基础。

该阶段大事记：

2011 年 1 月，入选"2011 福布斯中国潜力企业榜"，排名第 18 位；

2011 年 5 月，"汇川电机驱动与控制技术研发中心"被认定为广东省工程技术研究开发中心；

2011 年 5 月，成立长春汇通光电技术有限公司；

2011 年 6 月，成立汇川技术（香港）有限公司；

2011 年 7 月，荣膺 2010 年度中国创业板上市公司"价值二十强"及"十佳管理团队"；

2011 年 7 月，被评为"2011 年广东省企业 500 强""2011 年广东省制造业百强企业（第 64 名）"；

2011 年 7 月，成立北京汇川汇通科技有限公司；

2011 年 8 月 1 日，汇川 Oracle ERP 在深圳及苏州同时上线，顺利完成切换；

2011 年 12 月，汇川变频器被广东省名牌推荐委员会认定为"广东省名牌产品"；

2011 年 12 月，国家科技部火炬中心授予汇川"国家火炬计划重点高新技术企业"荣誉；

2011 年 12 月，成立杭州汇坤控制技术有限公司；

2012 年 1 月，荣登福布斯"2012 中国最具潜力上市公司"榜首；

2012 年 3 月，汇川新能源电动汽车电机驱动控制器被认证为"广东省重点新产品"；

2012 年 5 月，苏州汇川通过 ISO9001、TS16949 认证审核；

2012 年 5 月，国家科技部认定 IS300 产品为 2012 年度国家重点新产品；

2012 年 10 月，苏州汇川被认定为"苏州市企业技术中心"、"国家高新技术企业"；

2012 年 11 月，苏州汇川被评为"苏州市中高压电力电子及其传动工程技术研究中心"；

2012 年 12 月，电梯智能驱动系统和高性能矢量变频器被认定为江苏省高新技术产品；

2013 年 2 月，深圳汇川安规、EMC 实验室荣获德国 TVSD 颁发的 ETL 资质证书；

2014 年 4 月，汇川技术入围工信部知识产权运用能力试点；

2014 年 5 月，汇川技术 Monarch 商标荣获 2013 年江苏省著名商标；

2014 年 5 月，汇川技术获广东省著名商标认定；

2014 年 5 月，汇川技术获江苏省管理创新优秀企业称号；

2014 年 5 月，汇川技术 500 kW 储能变流器产品通过德国 TV 认证；

2014 年 5 月，汇川品牌通过"深圳知名品牌"复审；

2014 年 9 月，汇川产品喜获 cULus 认证；

2014 年 10 月，汇川技术"HD9X 系列高压变频器"被列入 2014 国家重点新产品计划；

2014 年 10 月，汇川技术荣获"2013 年度制造业十大信息技术服务龙头企业"称号；

2014 年 11 月，汇川技术获第 15 届中国电气工业 100 强殊荣；

2014 年 12 月，汇川技术入围 2014 福布斯亚洲中小上市企业 200 强榜单；

2014 年 12 月 28 日，2014 中国最佳上市公司 50 强揭晓，汇川技术榜上有名；

2014 年 12 月，汇川技术 Monarch 牌电梯智能驱动系统获得 2014 年度江苏省名牌产品称号。

二、认识汇川企业文化

"千难万险都经过，次第春风到吾庐"。汇川十年创业历程是一个曲折中前进、螺旋形上升的过程。它历经百战，克服挫折，执着探索，永不言弃，经风沥雨，方见彩虹！在国内自动化企业中，汇川的发展无出其右。成功绝非偶然，而是源于汇川的文化基因。

1. 汇川远景

汇川公司远景规划：立志成为世界一流的工业自动化产品及解决方案供应商。

2. 汇川使命

汇川公司以领先技术推进工业文明为企业使命。

3. 汇川核心价值观

（1）成就客户

帮助客户成功是汇川全体员工努力工作的最终目标。汇川可持续发展的前提是拥有越来越多的成功客户。在产业升级转型的时代大背景下，汇川不仅要为客户提供优秀的产品和解决方案，还要以开放的胸襟和共赢的思维与客户共享汇川的创业经验、管理优化和产业资源，竭力帮助客户提高核心竞争力。

（2）追求卓越

只有综合竞争力处于业界最佳，汇川才能脱颖而出，实现从优秀走向杰出的十年梦想。

以客户需求为创新之源泉，以成就客户为创新之动力，以超越业界最佳作为创新之标准，以精益求精作为创新之态度，这就是汇川迈向卓越的成长之道。

（3）至诚至信

内诚于员工、外信于客户，是汇川的德。只有大德大爱，汇川才能大赢。

内诚于心、外信于人，是汇川人的德。只有信守承诺、严守底线，人才能快乐平安。

（4）团结协作

心在一起，才叫团队。只有团结协作，才能成就组织，并成就个人。

以全局利益和长远利益为团队心之所向，以勇于批评和自我批评为团队心之所乐，以信任、欣赏、分享为团队心之所属，才能做到团结协作。

"资源是可以枯竭的，唯有文化才能生生不息"。在汇川的创业实践中，企业文化逐渐形成，并发挥着巨大作用。企业的使命感与价值观支撑着汇川的梦想和激情，"成就客户、追求卓越、至诚至信、团结协作"是汇川核心价值观。水到渠成、润物无声，每个汇川员工正通过务实的工作和优良的作风，体现着汇川文化最本质的内容。